高等职业教育
智能化教材系列
INTELLIGENT TEXTBOOK SERIES FOR
HIGHER VOCATIONAL EDUCATION

OPERATION AND PROGRAMMING OF INDUSTRIAL ROBOT

工业机器人操作与编程

主　编　闫　放
副主编　孙健鹏　原　梦
参　编　梅文涛　崔凌飞　冯　涛

天津大学出版社
TIANJIN UNIVERSITY PRESS

内容提要

本书以习近平新时代中国特色社会主义思想为指导，对接新经济、新业态、新职业发展，随着信息化、工业化的不断融合，以机器人科技为代表的智能产业蓬勃兴起，成为现代科技创新的一个重要标志。本书根据岗位需求，对接工业机器人系统新职业国家标准，对标应用编程岗位能力要求，介绍工业机器人定义、组成、分类和坐标系等基础知识，基于加工工艺和编程指令，详细阐述了从运动规划、示教前准备、示教编程到运动再现的机器人应用全过程。本书在相关内容处嵌入二维码，充分利用微课资源，生动展现知识与技能要点。

图书在版编目(CIP)数据

工业机器人操作与编程 / 闫放主编；孙健鹏，原梦副主编. -- 天津：天津大学出版社，2023.9
高等职业教育智能化教材系列
ISBN 978-7-5618-7603-9

Ⅰ. ①工… Ⅱ. ①闫… ②孙… ③原… Ⅲ. ①工业机器人－程序设计－高等职业教育－教材 Ⅳ. ①TP242.2

中国国家版本馆CIP数据核字(2023)第187207号

GONGYE JIQIREN CAOZUO YU BIANCHENG

出版发行	天津大学出版社
地　　址	天津市卫津路92号天津大学内(邮编:300072)
电　　话	发行部:022-27403647
网　　址	www.tjupress.com.cn
印　　刷	天津泰宇印务有限公司
经　　销	全国各地新华书店
开　　本	787mm×1092mm　1/16
印　　张	12.75
字　　数	311千
版　　次	2023年9月第1版
印　　次	2023年9月第1次
定　　价	78.00元

前言

党的二十大报告强调："推动战略性新兴产业融合集群发展，构建新一代信息技术、人工智能、生物技术、新能源、新材料、高端装备、绿色环保等一批新的增长引擎。"随着新一轮科技革命和产业变革的深入推进，数字化、网络化、智能化已成为制造业发展的必然趋势，机器人及智能装备制造业进入快速发展时期。被誉为"制造业皇冠顶端的明珠"的机器人产业，作为新兴技术的重要载体和现代产业的关键装备，在引领制造业高端化、智能化、绿色化方面发挥着重要作用。因此，工业机器人技术应用人才的培养是我国职业院校的重要任务之一。

本书共6个项目，项目一为工业机器人概述，介绍了工业机器人的定义、分类、发展历程与应用等相关知识；项目二为工业机器人基本操作，介绍了工业机器人的安全操作规程，并以发那科（FANUC）工业机器人为例介绍了示教器的外部结构以及运行模式、点动机器人等；项目三为发那科工业机器人坐标系设置，主要介绍了FANUC工业机器人的坐标系以及坐标系的设置方法；项目四为发那科工业机器人编程控制，阐述了FANUC工业机器人的编程控制以及程序设计方法，详细介绍了FANUC工业机器人的程序数据类型、运动控制指令等；项目五为发那科工业机器人非运动指令示教，主要介绍了FANUC工业机器人非运动指令示教方法，如寄存器指令、I/O指令、控制指令和其他指令等；项目六为发那科工业机器人典型应用编程，介绍了工业机器人真实应用案例。本书6个项目循序渐进、相辅相成，注重知识传授、职业能力以及职业素养等综合素质的多维提升，以培养工业机器人操作、控制的应用型技术人才。

本书编写过程中以习近平新时代中国特色社会主义思想为指引，全面贯彻党的教育方针，落实立德树人的根本任务，以"课程思政"为圆点中心，形成波纹式能量传递，架构协同专业课程的课程思政体系，最终实现"课程思政"教育目标与专业课程的横向融合。

本书内容丰富、结构清晰、形式新颖、术语规范，既适合作为普通高等院校本科机械类、电子信息类、自动化类等与智能制造密切相关专业的教材，也可作为独立学院、高职（专科）院校和成人高等学校等同类专业的教材，还可供企业及培训机构的相关技术人员参考使用。

天津渤海职业技术学院教师闫放任主编，孙健鹏、原梦为副主编，梅文涛、崔凌飞、冯涛为参编。在本书编写过程中参考了有关文献资料，编者在此深表谢意。由于编者水平有限，书中难免有错漏之处，恳请广大读者批评指正。

编者

2023 年 9 月

目录

项目一　工业机器人概述

思政导入

机器人技术作为20世纪人类伟大的发明之一，自20世纪60年代初问世以来，经历了50多年的发展，已取得显著成果。走向成熟的工业机器人，各种用途的特种机器人的实用化，昭示着机器人技术灿烂的明天。

随着时代的发展，人们对产品质量及生产效率的要求不断提高，工业生产开始越来越多地强调自动化生产，而工业机器人作为直接执行者，在自动化整体转型中起着决定性作用，也是通过自动化转型优化产业结构的必经之路。

目前，我国正处于产业转型升级的关键时期，而工业机器人作为先进制造业中不可替代的重要装备和手段，已经成为衡量一个国家制造水平和材料水平的重要标志，工业机器人已应用在越来越多的领域。随着我国经济的快速发展，工业机器人技术在加工制造业领域的应用正在从点、线走向面，在运输、汽车制造、航空航天、压力容器、工程及重型机械、造船等领域得到广泛应用，工业机器人市场也正在迎来爆发式增长，我们将迎来“机器换人”的前所未有的新局面。

知识目标

1. 了解工业机器人的定义。
2. 了解工业机器人的分类。
3. 了解工业机器人的发展历程与应用领域。

技能目标

1. 能够区分工业机器人的种类。
2. 掌握工业机器人的组成。
3. 掌握工业机器人的技术参数。

任务一　认识工业机器人

1.1.1　工业机器人的定义与特点

1. 工业机器人的定义

1）机器人的定义

微课：工业机器人的定义及特点

在科技界，科学家会给每一个科技术语一个明确的定义，但机器人的定义仍然仁者见仁，智者见智，没有一个统一的意见。其原因之一是机器人还在发展，新的机型、新的功能不断涌现，领域不断扩展。但其根本原因主要是机器人涉及了人的概念，进而成为一个难以回答的哲学问题。就像机器人一词最早诞生于科幻小说中一样，人们对机器人充满了幻想。也许正是由于机器人定义的模糊，才给了人们充分的想象和创造空间。在国际上，机器人的定义主要有如下几种。

（1）国际标准化组织（ISO）的定义：机器人是一种具有自动的、位置可控的、具有编程能力的多功能机械手，这种机械手具有几个轴，能够借助可编程序操作来处理各种材料、零件、工具和专用装置，以执行各种任务。

（2）美国国家标准局（NBS）的定义：机器人是一种能够进行编程并在自动控制下执行某些操作和移动作业任务的机械装置。这是一种比较广义的机器人的定义。

（3）美国机器人工业协会（RIA）的定义：机器人是一种用于移动各种材料、零件、工具或专用装置的，通过可编程序动作来执行各种任务的，并具有编程能力的多功能机械手。这一定义叙述得较为具体，但技术含义并不全面，可概括为工业机器人。

（4）日本工业机器人协会（JIRA）的定义：机器人是一种装备有记忆装置和末端执行器的，能够转动并通过自动完成各种移动来代替人类劳动的通用机器。其同时还可以进一步分为以下两种情况来定义。

①工业机器人：一种能够执行与人体上肢（手和臂）类似动作的多功能机器。

②智能机器人：一种具有感觉和识别能力，并能控制自身行为的机器。

（5）我国科学家对机器人的定义：随着机器人技术的发展，我国也面临讨论和制定关于机器人技术各项标准的问题，其中就包括对机器人的定义，即“机器人是一种自动化的机器，所不同的是这种机器具备一些与人或生物相似的智能能力，如感知能力、规划能力、动作能力和协同能力，是一种具有高度灵活性的自动化机器”。

有关机器人的各种定义可以为理解机器人提供参考，可以看出机器人有以下共同点：

（1）外形类似于人或人的上肢，动作类似于人或其他生物体的功能；

（2）具有一定的智力、感觉与识别性；

（3）是人造的机器或机械电子装置；

（4）可通过编程执行多种工作，有一定的通用性和灵活性。

一台真正意义上的机器人，应该具备三种基本功能：感知、认知和行动。对其一种最为通俗易懂的解释：天冷了（感知）—是否加衣服（认知）—执行加衣服（行动），这才是一个真正完整的链条。而长久以来，机器人技术的进展却基本在“行动”，即完成动作，但从常理上来判断，“感知”和“认知”才应该是智能制造最重要的环节。以此推断，几十年以来，机器人的问世以及逐渐普及的确解放了生产力，但仅仅是人类身体上的解放，而心脑部分则依然是最大的难题。

2）认识工业机器人

工业机器人是广泛用于工业领域的多关节机械手或多自由度的机器装置，具有一定的自动性，可依靠自身的动力能源和控制能力实现各种工业加工制造功能。工业机器人被广泛应用于电子、物流、化工等各个工业领域。工业机器人是面向工业领域的多关节机械手或多自由度的机器装置，具有柔性好、自动化程度高、可编程性好、通用性强等特点。在工业领域中，工业机器人的应用能够代替人进行单调重复的生产作业，或是在危险恶劣环境中的加工操作。

在智能制造领域，工业机器人作为一种集多种先进技术于一体的自动化装备，体现了现代工业技术的高效益、软硬件结合等特点，成为柔性制造系统、自动化工厂、智能工厂等现代化制造系统的重要组成部分。机器人技术的应用转变了传统的机械制造模式，提高了制造生产效率，为机械制造业的智能化发展提供了技术保障；优化了制造工艺流程，能够构建全自动智能生产线，为制造模块化作业生产提供了良好的环境条件，满足了现代制造业的生产需要和发展需求。

2. 工业机器人的特点

相比于人类的大脑，工业机器人不具备按照神经系统的指挥和支配调节身体全部关节的各项功能。工业机器人的大脑实际上就是一个控制器，设计者通过自动控制程序的编写和安装，实现机器人全部可能的操作。工业机器人没有思维，无法自主进行思考，也没有大脑，无法自主实现任何简单的操作，但却可以无条件地按照指示操作。

工业机器人具有以下特点。

（1）可编程。生产自动化的进一步发展是柔性启动，工业机器人可以根据其工作环境变化的需要重新编程，因此它可以在小批量、高效的柔性制造过程中发挥良好的作用，其是柔性制造系统的重要组成部分。

（2）拟人化。工业机器人在机械结构上有类似于人的腰、大臂、小臂、手腕、手等部位，在控制上有电脑。此外，智能工业机器人还有许多类似于人类的生物传感器，如皮肤接触传感器、力传感器、负载传感器、视觉传感器、声传感器等。传感器提高了工业机器人对周围环境的自适应性。

（3）通用性。除专门设计的工业机器人外，一般工业机器人在执行不同的操作任务时具有良好的通用性。例如，不同的操作任务可以通过更换工业机器人手的末端操作器（手爪、工具等）来执行。

（4）机电一体化技术。工业机器人涉及的学科相当广泛，但归纳起来是机械学和微电子学的结合——机电一体化技术。第三代智能机器人不仅具有获取外部环境信息的各种传感器，还具有记忆能力、语言理解能力、图像识别能力、推理判断能力等人工智能，与技术的应用密切相关，特别是计算机技术的应用。因此，机器人技术的发展必将推动其他技术的发展，机器人技术的发展和应用水平也可以验证国家科技和工业技术的发展水平。

从实践应用的角度来说，工业机器人具有灵活度高和工业生产效率高的优点。

（1）灵活度高。工业机器人所做的任何一个操作都是通过相关参数的设定和具体的指令提示来实现的。工业机器人的身体与人体的结构有所不同，工业机器人的身体是指它自己的结构形态。不同的工业行业所需要的机器人不同，其形态设计也不尽相同。当前，国内工业产业部门常见的工业机器人是拥有机械臂，并且可以进行简单移动操作的机器人，其工作主要包括智能化工业制造和简单的运输搬运等。按照工作性质的不同，目前广泛使用的工业机器人有焊接机器人、运输机器人、汽车制造机器人、餐饮服务机器人等。这些机器人在生产工作中，只要操作人员进行简单的数据输入和调整，就可以迅速投入生产，相较于传统的机床式加工技术，其应用灵活度更高。

（2）生产效率高。工业机器人的主要技术优势是可以把人从手工劳动中解放出来，在提高工业生产加工工作效率的同时，给人们的工作和生活带来更大的方便。以运输机器人为例，当进行中、大型工业设备的搬运时，采用传统的人工搬运方式对工人来说是一项高强度的工作，不仅会降低工作效率，还容易造成人员或者设备的损伤；而工业运输机器人则不同，它可以在长时间工作的前提下，承载大体积的元器件，而不会感到劳累，也不会出现超负荷工作的问题，只要有足够的电量，工业运输机器人就能够不间断地工作。

1.1.2 工业机器人的分类

微课：工业机器人的分类

工业机器人的种类很多，其功能、特征、驱动方式及应用场合等不尽相同。关于工业机器人的分类，国际上没有制定统一的标准，从不同的角度有不同的分类方法。

1. 按体系功用分类

（1）专用机器人：在固定地址以固定程序作业的机器人，其构造简单，作业方针单一，无独立操控体系，造价较低，如附设在加工基地机床上的主动换刀机械手。

（2）通用机器人：具有独立操控体系，经过改动操控程序能完成多种作业的机器人，其构造杂乱，工作范围大，定位精度高，通用性强，适用于不断改换种类的柔性制造体系。

（3）示教再现式机器人：具有回想功能，在操作者的示教操作后，能按示教的顺序、方位、条件与其他信息反复重现示教作业。

（4）智能机器人：选用计算机操控，具有视觉、听觉、触觉等多种感触功能和辨认功能的机器人，经过比照和辨认，独立做出抉择和计划，主动进行信息反馈，完成预定的动作。

2. 按驱动方式分类

（1）气压传动机器人：以压缩空气作为动力源驱动执行机构运动的机器人，具有动作迅速、构造简单、成本低廉的特征，适用于高速轻载、高温和粉尘大的环境作业。

（2）液压传动机器人：选用液压元器件驱动，具有负载能力强、传动平稳、构造紧凑、动作灵活的特征，适用于重载或低速驱动场合。

（3）电气传动机器人：用交流或直流伺服电动机驱动的机器人，不需要中间转换机构，机械构造简单，响应速度快，控制精度高，是这些年常用的机器人传动构造。

3. 按坐标形式分类

（1）直角坐标型机器人：这类机器人的手部在空间中三个彼此垂直的方向 X、Y、Z 上进行移动，且运动是独立的，如图 1-1 所示。其操控简单，运动直观性强，易达到高精度，定位精度高，但操作灵活性差，运动速度较低，工作范围较小，而占有的空间相对较大。

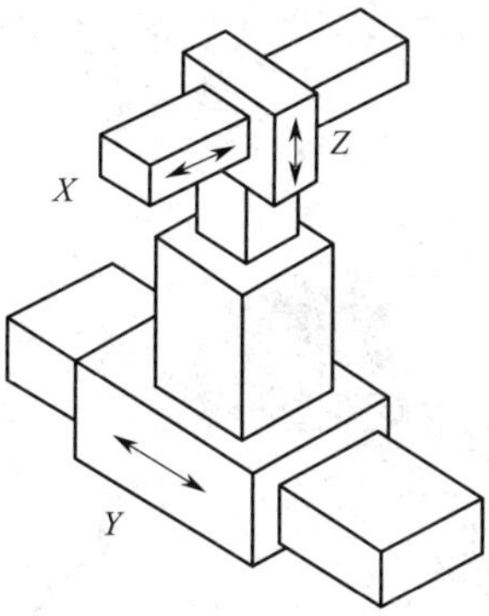

图 1-1　直角坐标型机器人

（2）圆柱坐标型机器人：这类机器人在水平转台上装有立柱，其立柱安装在反转机座上，水平臂能够自由伸缩，并可沿立柱上下移动，如图 1-2 所示。其工作范围较大，运动速度较高，但随着水平臂沿水平方向伸长，其线位移分辨精度越来越低。

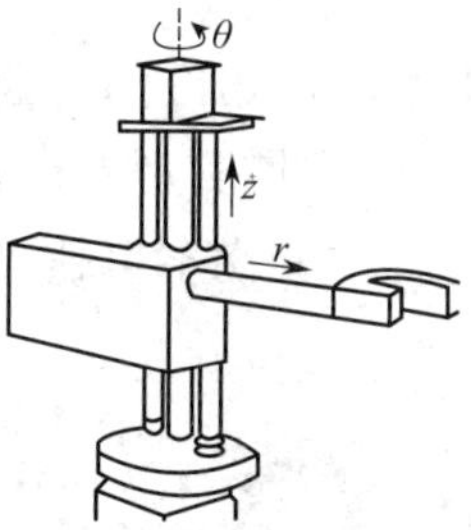

图 1-2　圆柱坐标型机器人

（3）球坐标型机器人：也称极坐标型机器人，这类机器人由反转机座、俯仰铰链和弹性臂构成，具有两个旋转轴和一个平移轴。其作业臂不只可绕垂直轴旋转，还可绕水平轴做俯仰运动，且能沿手臂轴做弹性运动，如图 1-3 所示。其操作比圆柱坐标型机器人更为灵活，并能拓宽机器人的作业空间，但旋转关节反映在末端执行器上的线位移分辨率是一个变量。

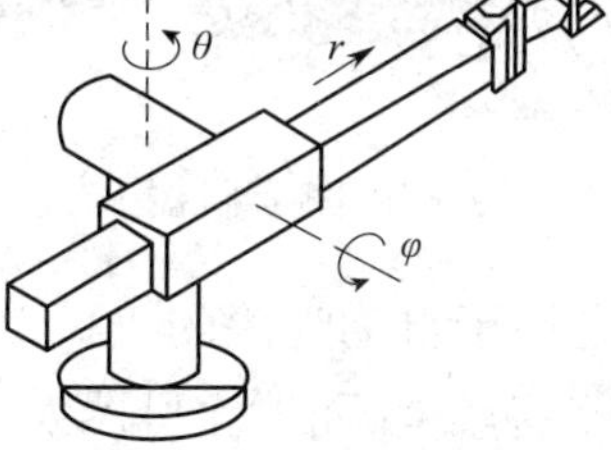

图 1-3　球坐标型机器人

（4）关节型机器人：这类机器人由多个关节连接的机座、大臂、小臂和手腕等构成，大小臂之间用铰链连接构成肘关节，大臂和立柱连接构成肩关节，大小臂既可在垂直于机座的平面内运动，也可绕垂直轴翻滚，如图 1-4 所示。其操作灵活性最佳，运动速度较高，工作范围大，但精度受手臂位姿（位置、姿态）的影响，完成高精度运动较艰难。其能抓取靠近机座的物件，也能绕过机体和目标间的障碍物抓取物件，具有较高的运动速度和极好的灵活性，是最通用的机器人。

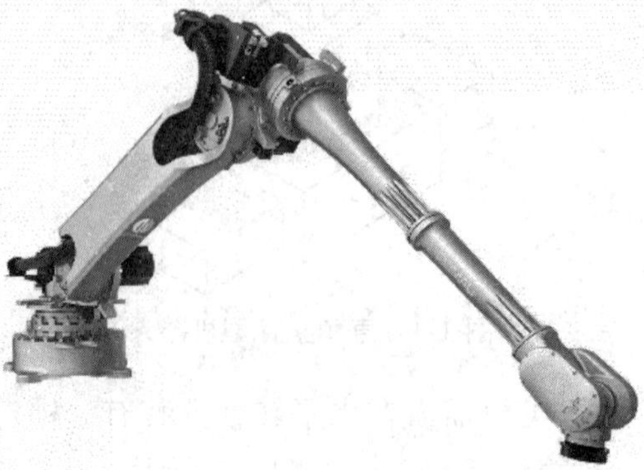

图 1-4 关节型机器人

4. 按作业用途分类

（1）搬运机器人：这类机器人是用于搬运物件的工业机器人，可将工件从原位置移动到另一个指定位置，其末端执行器可通过变换工具实现不同规格工件的搬运工作，如图 1-5 所示。其解放了工人的劳动，也减少了搬运过程中的伤害事故，广泛应用于大型工件的搬运工作。

图 1-5 搬运机器人

（2）喷涂机器人：这类机器人是用于自动喷漆的机械设备，如图 1-6 所示。传统喷涂工作由于工作环境恶劣，对工人的身体伤害较大，而喷涂机器人采用液压驱动，喷涂速度快，防爆性能好，可代替工人进行喷涂，提高喷涂质量和喷涂材料的利用率。

图 1-6 喷涂机器人

(3)焊接机器人:这类机器人是从事焊接工作的自动化焊接设备,如图 1-7 所示。通过焊接机器人的焊枪对焊缝可实现精确焊接,焊缝美观且牢固,保证产品质量。企业引进焊接机器人有利于提高生产线速度,降低工人的劳动强度,减少企业的劳动和材料成本,提高企业的焊接自动化水平。

图 1-7 焊接机器人

(4)码垛机器人:这种机器人是机械制造和计算机技术有机结合的产物,其凭借灵活运行、精确操作、稳定性高、作业效率高等优势被企业广泛应用。码垛机器人可将已经装入容器的物品,按照一定的排列顺序放在托盘上,其可用于多层堆砌,且实用性强,可用于多个领域,如图 1-8 所示。

图 1-8 码垛机器人

5. 按执行机构运动的控制方式分类

(1)点位控制机器人:只控制执行机构由一点到另一点的准确定位,适用于机床上下料、点焊和一般搬运、装卸工作。

(2)连续轨迹控制机器人:可控制执行机构按给定轨迹运动,适用于连续焊接和涂装作业。

工业机器人的种类还有很多,适用于不同领域的工作,随着工业机器人技术的逐步成熟,相信工业领域会进入自动化时代,提高工业的自动化和智能化水平。

1.1.3 工业机器人的发展

微课:工业机器人的历史

1. 机器人的历史

1920 年,捷克斯洛伐克作家卡雷尔·恰佩克在他的科幻小说《罗萨姆的机器人万能公司》中,根据 Robota(捷克文,原意为“劳役、苦工”)和 Robotnik(波兰文,原意为“人”),创造出“机器人”一词。

1939 年,美国纽约世博会上展出了西屋电气公司制造的家用机器人 Elektro,它由电缆控制,可以行走,会说 77 个字,甚至可以抽烟,不过离真正干家务活还差得远,但它让人们对家用机器人的憧憬变得更加具体。

1942 年,美国科幻巨匠阿西莫夫提出了“机器人三定律”,虽然这只是科幻小说里的创造,但后来成为学术界默认的研发原则。

1948 年,诺伯特·维纳出版《控制论》,阐述了机器中的通信和控制机能与人的神经、感觉机能的共同规律,率先提出了以计算机为核心的自动化工厂。

1954 年,美国人乔治·德沃尔制造出世界上第一台可编程序的机器人,并注册了专利。这种机器人能按照不同的程序从事不同的工作,因此具有通用性和灵活性。

1956年，在达特茅斯会议上，马文·明斯基提出了他对智能机器的看法，即智能机器“能够创建周围环境的抽象模型，如果遇到问题，能够从抽象模型中寻找解决方法”。这个定义影响到以后30年智能机器人的研究方向。

1959年，德沃尔与美国发明家约瑟夫·恩格尔伯格联手制造出第一台工业机器人，随后成立了世界上第一家机器人制造工厂——Unimation公司。由于恩格尔伯格对工业机器人的研发和宣传，他也被称为“工业机器人之父”。

1962年，美国AMF公司生产出Verstran（意思是万能搬运），与Unimation公司生产的Unimate一样成为真正商业化的工业机器人，并出口到世界各国，掀起了全世界对机器人和机器人研究的热潮。

1961—1965年，传感器的应用提高了机器人的可操作性，人们试着在机器人上安装各种各样的传感器，包括1961年恩斯特采用的触觉传感器，1962年托莫维奇和博尼在世界上最早的“灵巧手”上采用的压力传感器，1963年麦卡锡则开始在机器人中加入视觉传感系统，并在1965年帮助麻省理工学院（MIT）推出了世界上第一个带有视觉传感器，能识别并定位积木的机器人系统。

1965年，约翰·霍普金斯大学应用物理实验室研制出Beast机器人。Beast已经能通过声呐系统、光电管等装置，根据环境校正自己的位置。20世纪60年代中期开始，美国麻省理工学院和斯坦福大学、英国爱丁堡大学等陆续成立了机器人实验室。美国兴起研究第二代带传感器、“有感觉”的机器人，并向人工智能进发。

1968年，美国斯坦福研究所公布了他们研发成功的机器人Shakey。Shakey带有视觉传感器，能根据人的指令发现并抓取积木，不过控制它的计算机有一个房间那么大。Shakey可以算是世界上第一台智能机器人，拉开了第三代机器人研发的序幕。

1969年，日本早稻田大学加藤一郎实验室研发出第一台以双脚走路的机器人。加藤一郎长期致力于研究仿人机器人，被誉为“仿人机器人之父”。日本专家一向以研发仿人机器人和娱乐机器人的技术见长，后来更进一步，催生出本田公司的ASIMO和索尼公司的QRIO。

2. 工业机器人的崛起

20世纪70年代，随着计算机和人工智能技术的发展，机器人进入实用化时代。例如，日立公司推出的具有触觉、压力传感器，7轴交流电动机驱动的机器人；美国Milacron公司推出的世界第一台小型计算机控制的机器人，由电液伺服驱动，可跟踪移动物体，用于装配和多功能作业；日本山梨大学发明的SCARA平面关节型机器人，适用于装配作业等。

20世纪70年代末，由美国Unimation公司推出的PUMA系列机器人，由多关节、多CPU二级计算机控制，全电动，有专用VAL语言和视觉、力觉传感器，这标志着工业机器人技术已经完全成熟。PUMA至今仍然工作在工厂第一线。

20世纪80年代，机器人进入普及期，随着制造业的发展，使工业机器人在发达国家走向普及，并向高速、高精度、轻量化、成套系列化和智能化方向发展，以满足多品种、少批量的生产需要。

到了20世纪90年代，随着计算机技术、智能技术的进步和发展，第二代具有一定感觉功能的机器人已经实用化并开始推广，具有视觉、触觉、高灵巧手指、能行走的第三代智能机器人相继出现并开始走向应用。

3. 我国工业机器人的发展

我国工业机器人起步于20世纪70年代初期，后经过20多年的发展，大致经历了3个阶段：70年代的萌芽期，80年代的开发期和90年代的适用化期。

70年代是世界科技发展的一个里程碑，人类登上了月球，实现了金星、火星的软着陆，我国也发射了人造卫星。世界上工业机器人的应用掀起了一个高潮，尤其在日本发展更为迅猛，它补充了日益短缺的劳动力。在这种背景下，我国于1972年开始研制自己的工业机器人。

进入20世纪80年代后，在高技术浪潮的冲击下，随着改革开放的不断深入，我国机器人技术的开发与研究得到了政府的重视与支持。“七五”期间，国家投入资金，对工业机器人及其零部件进行攻关，完成了示教再现式工业机器人成套技术的开发，研制出了喷涂、点焊、弧焊和搬运机器人。1986年，国家高技术研究发展计划（863计划）开始实施，智能机器人研发主题紧跟世界机器人技术的前沿，经过几年的研究，取得了一大批科研成果，成功研制出了一批特种机器人。

从20世纪90年代初期起，我国的国民经济进入实现两个根本转变时期，掀起了新一轮的经济体制改革和技术进步热潮，我国的工业机器人又在实践中迈进一大步，先后研制出了点焊、弧焊、装配、喷漆、切割、搬运、包装码垛等各种用途的工业机器人，并实施了一批机器人应用工程，形成了一批机器人产业化基地，为我国机器人产业的腾飞奠定了基础。

2020年，中国机器人产业营业收入首次突破1 000亿元。“十三五”期间，工业机器人产量从7.2万套增长到21.2万套，年均增长31%。从技术和产品来看，精密减速器、高性能伺服驱动系统、智能控制器、智能一体化关节等关键技术和部件加快突破，创新成果不断涌现，整机性能大幅提升，功能愈加丰富，产品质量日益优化，行业应用也在深入拓展。例如，工业机器人已在汽车、电子、冶金、轻工、石化、医药等52个行业大类、143个行业中类广泛应用。

2022年，嘉腾机器人推出国内首台差速20吨AGV驱动单元，该驱动单元采用差速重载动力模组以及控制策略，增强了产品实用性和耐用性。据悉，重载AGV可用于航天、高压容器、大型基建工程、模块化建筑工程等行业。

党的二十大报告指出，要“推进新型工业化，加快建设制造强国、质量强国、航天强国、交通强国、网络强国、数字中国”。国家先后出台《“十四五”智能制造发展规划》《“十四五”机器人产业发展规划》等一系列相关规划，将机器人产业作为战略性新兴产业给予重点支持。近年来，我国机器人产业发展迅速，《中国机器人产业发展报告（2022年）》显示，2022年我国机器人市场规模预计达174亿美元，近5年年均增长率22%。

工业史记

灯塔传承，永远的丰碑：中国机器人之父——蒋新松

他，成功开发出一系列水下机器人产品，把我国水下机器人研究推向世界最高水平；他，积极推进我国CIMS（计算机集成制造系统）事业，致力于圆我国工业强国梦。他就是中国工程院院士，我国机器人事业的开拓者之一，被誉为“中国机器人之父”的蒋新松。

蒋新松(1931—1997),机器人专家,战略科学家,1994 年 5 月当选为中国工程院首批院士,生前是中国科学院沈阳自动化研究所所长,研究员,博士生导师,国家“863”计划自动化领域首席科学家。他牵头创建了国家机器人技术研究开发工程中心和中科院机器人学开放实验室,为我国机器人学研究及机器人技术工程化建立了基地。1996 年获中国工程院首届工程科技奖,先后获得全国科学大会成果奖、中国科学院重大成果奖、中国科学院科技进步一等奖等荣誉,并参加了国家高技术研究发展计划(“863”计划)的制定。

在我国水下机器人的研制史上,记录着一页页辉煌的篇章:“海人一号”实现了我国水下机器人零的突破;“瑞康四号”开创了我国近海石油勘探钻井首次使用国产机器人的成功纪录;“探索者一号”则刷新了深潜 1 000 m 的纪录;中俄两国共同研制成功 6 000 m 水下机器人,使我国跻身于世界机器人研制的强国行列……短短十几年,我国水下机器人事业由梦想变为现实。这一连串耀眼的成果都与一个人的名字紧紧相连,他就是中国机器人科研事业的开拓者——蒋新松。

思考与练习

(1)美国机器人工业协会(RIA)是如何定义机器人的?

(2)德国标准中是如何定义工业机器人的?

任务二　工业机器人的组成及技术参数

1.2.1　工业机器人的组成

一般来说,工业机器人由三大部分六个子系统组成,如图 1-9 所示。其中,三大部分是机械部分、传感部分和控制部分;六个子系统是驱动系统、机械系统、感知系统、人机交互系统、机器人 - 环境交互系统和控制系统。

微课:工业机器人的结构组成

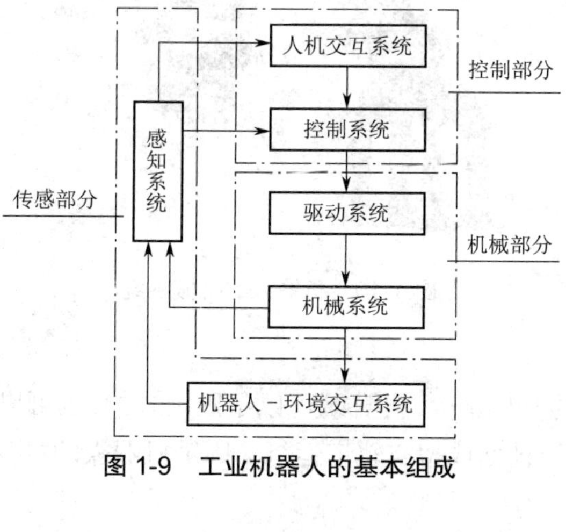

图 1-9　工业机器人的基本组成

1. 驱动系统

驱动系统是向机械系统提供动力的装置。根据动力源不同,驱动系统的传动方式可分为液压式、气压式、电气式三种以及把它们结合起来应用的综合系统。

(1)早期的工业机器人采用液压驱动。由于液压系统存在泄漏、噪声和低速不稳定等问题,并且功率单元笨重和昂贵,目前只有大型重载机器人、并联加工机器人和一些特殊应用场合使用液压驱动的工业机器人。

(2)气压驱动具有速度快、系统结构简单、维修方便、价格低等优点。但是气压装置的工作压强低、不易精确定位,一般仅用于工业机器人末端执行器的驱动。气动手爪、旋转气缸和气动吸盘作为末端执行器可用于中、小负荷的工件抓取和装配。

(3)电气驱动是目前使用最多的一种驱动方式,其特点是电源取用方便、响应快、驱动力大,信号检测、传递、处理方便,并可以采用多种灵活的控制方式,驱动电机一般采用步进电机或伺服电机,目前也有采用直接驱动电机的,但是造价较高,控制也较复杂,与电机相配的减速器一般采用谐波减速器、摆线针轮减速器或行星齿轮减速器。由于并联机器人中有大量的直线驱动需求,直线电机在并联机器人领域得到广泛应用。

驱动系统可以与机械系统直接连接,也可通过同步带、链条、齿轮、谐波传动装置等与机械系统间接相连。

2. 机械系统

微课:工业机器人的外围设备

机械系统又称操作机,是工业机器人的机械主体,即通常所说的机器人本体,其是用来完成各种作业的执行机械,根据作业任务不同有不同的结构形式和尺寸。工业机器人的机械系统由机身(机座)、臂部、腕部、手部(末端执行器)四部分组成,如图 1-10 所示。

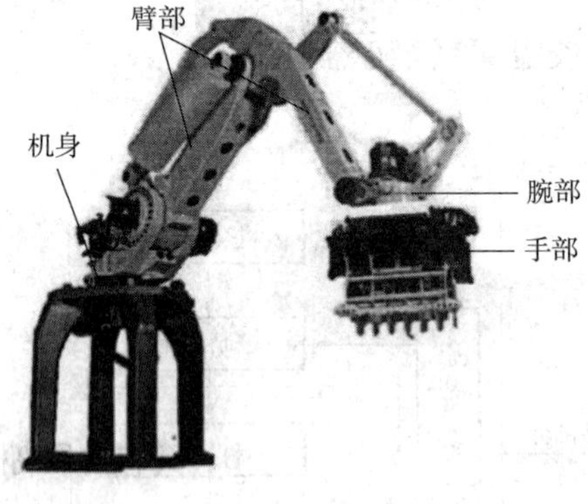

图 1-10 机器人的机械系统

1)机身

机身是工业机器人的基础部分,机身既可以是固定式的,也可以是行走式的,即在它的下部装有能行走的机构,可沿地面或架空轨道运行。固定机器人的机身直接连接在地面基础上,移动式机器人的机身则安装在移动机构上。

机身直接连接、支撑和传动手臂及行走机构，实现臂部各种运动的驱动装置和传动件一般都安装在机身上，由臂部运动（升降、平移、回转和俯仰）机构及有关的导向装置、支撑件等组成。臂部的运动越多，机身的受力越复杂。由于机器人的运动方式、使用条件、负载能力各不相同，所采用的驱动装置、传动机构、导向装置也不同，致使机身有很大差异。

2）臂部

手臂部件（简称臂部）是机器人的主要执行部件。机器人的手臂由大臂、小臂（或多臂）组成，主要作用是支撑腕部和手部，带动它们在空间运动，改变腕部的空间位置，满足机器人的作业空间，将各种载荷传递给机身。

手臂的驱动方式主要有液压驱动、气动驱动和电动驱动几种形式，其中电动形式最为通用。因而，一般机器人手臂有 3 个自由度，即手臂的伸缩、左右回转和升降（或俯仰）运动。根据臂部的运动和布局、驱动方式、传动和导向装置的不同可分为伸缩型臂部结构、转动伸缩型臂部结构、屈伸型臂部结构以及其他专用的机械传动臂部结构。

3）腕部

腕部是连接手部与手臂的机构，它的主要作用是支撑手部，改变手部的姿态（空间方向），将作业载荷传递给臂部，调节或改变工件的方位等，因此它具有独立的自由度，以满足机器人手部完成复杂动作的要求。机器人一般需要 6 个自由度才能使手部达到目标位置和处于所期望的姿态，手腕上的自由度主要是实现手部所期望的姿态，通常有 3 个或 2 个自由度。

图 1-11 中机器人操作臂将末端工具置于其工作的三维空间内的任意点需要 3 个自由度。为了进行实际操作，还应该能够将工具置于任意的方位，这就还需要一个腕部，它一般需要有 3 个自由度，即回转、俯仰和摆动。

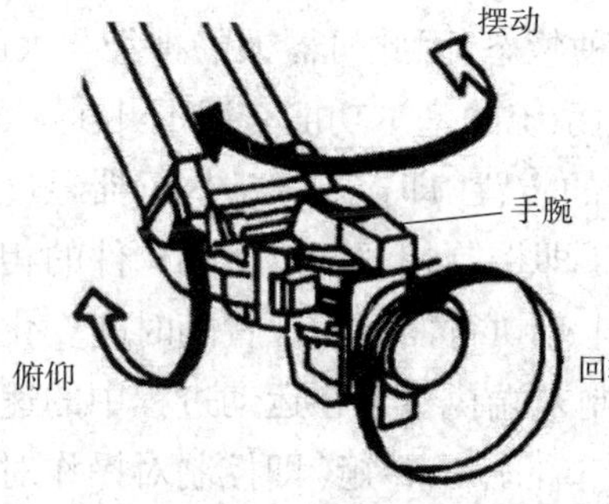

图 1-11　具有回转、俯仰和摆动 3 个自由度的手腕

4）手部（末端执行器）

工业机器人的手部也称末端执行器，是直接连接在机器人腕部，用于夹持工件或让工具按照规定的程序完成指定工作的机构。它可能是用于抓取、搬运的手部（爪），也可能是用于喷漆的喷枪，也可能是砂轮以及检查用的测量工具等。

工业机器人的腕部上有用于连接各种末端执行器的机械连接口，按作业内容不同选择不同的手爪或工具装在其上，从而进一步扩大机器人作业的柔性，如喷漆用的喷管、搬运工件用的夹具、焊接用的点焊枪、工件去毛刺的倒角工具等。

3. 感知系统

机器人的感知系统担任着机器人神经系统的角色，由内部传感器模块和外部传感器模块组成，以获取内部状态和外部环境中有意义的信息。感知系统把机器人的各种内部状态信息和环境信息从信号转变为机器人自身或者机器人之间能够理解和应用的数据和信息甚至知识，它与机器人控制系统和决策系统组成机器人的核心。

机器人的任何行动都要从感知环境开始，如果这个过程遇到障碍，那么它以后的所有行为都没有依托。没有传感器组成的感知系统支持，就相当于人失去了眼睛、鼻子等感觉器官。机器人的智能化在很大程度上取决于它的感知系统。感知系统由内部传感器模块和外部传感器模块组成，机器人的内部传感器信号用来反映机械臂关节的实际状态，外部传感器信号用来检测工作环境的变化。机器人的机动性、适应性和智能化水平随着智能传感器的使用不断提高。

除需要感知与自身工作状态相关的机械量，如位移、速度和力等外，视觉感知技术也是工业机器人感知的一个重要方面。视觉伺服系统将视觉信息作为反馈信号，用于控制和调整机器人的位置和姿态。机器视觉系统还在质量检测、识别工件、食品分拣、包装等各个方面得到了广泛应用。

4. 机器人 - 环境交互系统

机器人 - 环境交互系统是实现机器人与外部环境中的设备相互联系和协调的系统。机器人可与外部设备集成为一个功能单元，如加工制造单元、焊接单元、装配单元等；也可以是多台机器人、多台机床或设备及多个零件存储装置等集成为一个执行复杂任务的功能单元。

5. 控制系统

控制系统的任务是接收来自传感器的检测信号，根据机器人的作业指令程序以及从传感器反馈回来的信号支配机器人的执行机构完成规定的运动和功能。机器人的运动控制离不开传感器，需要用传感器来检测各种状态，因此机器人的神经与大脑组合起来才能组成一个完整的机器人控制系统。机器人控制系统的基本功能有以下几个方面：

（1）控制机械臂末端执行器的位置（即控制末端执行器经过的点和移动路径）；

（2）控制机械臂的运动姿态（即控制相邻两个活动构件的相对位置）；

（3）控制运动速度（即控制末端执行器运动位置随时间变化的规律）；

（4）控制运动加速度（即控制末端执行器在运动过程中的速度变化）；

（5）控制机械臂中各动力关节的输出转矩（即控制对操作对象施加的作用力）；

（6）具备操作方便的人机交互功能，机器人通过记忆和再现来完成规定的任务；

（7）使机器人对外部环境有检测和感觉功能，工业机器人配备视觉、力觉、触觉等传感器进行测量、识别，判断作业条件的变化。

控制系统根据控制原理可分为程序控制系统、适应性控制系统和人工智能控制系统；根据控制运动的形式可分为点位控制和连续轨迹控制。如工业机器人不具备信息反馈特征，则为开环控制系统；如具备信息反馈特征，则为闭环控制系统。

6. 人机交互系统

人机交互系统是指操作人员参与机器人控制，并与机器人进行联系的装置，例如计算机的标准终端、指令控制台、信息显示板及危险信号报警器等。归纳起来，人机交互系统可分为两大类，即指令给定装置和信息显示装置。

1.2.2　工业机器人的技术参数

微课：工业机器人的技术参数

机器人的技术参数反映了机器人可胜任的工作、具有的最高操作性能等情况，是选择、设计、应用机器人所必须考虑的问题。工业机器人制造商在产品供货时一般会提供相应的技术参数，尽管各厂商所提供的技术参数项目是不完全一样的，工业机器人的结构、用途以及用户的要求也不同，但工业机器人的主要技术参数一般包括自由度、工作空间、承载能力、工作精度、最大工作速度等。

1. 自由度

自由度是描述物体运动所需要的独立坐标数。机器人自由度是指机器人所具有的独立坐标轴运动的数目，不包括末端执行器（手爪）的开合自由度。将机器人主体每个关节运动方式的数量称为机器人机构的自由度。自由度越高，其运动灵活性越好，能够完成的作业复杂程度越高。

单自由度关节通常可实现平移、回转和旋转动作，见表 1-1。在完成某一特定作业时具有多余自由度的机器人称为冗余自由度机器人，也称为冗余度机器人。

表 1-1　单自由度关节

名称	符号	举例
平移	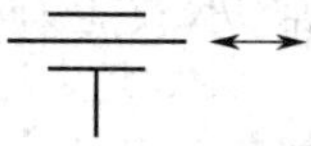	
回转	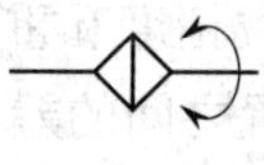	
旋转（1）	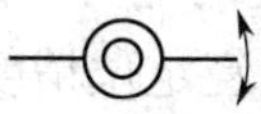	
旋转（2）	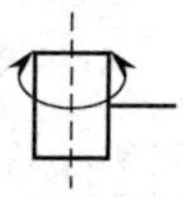	

工业机器人的自由度是根据其用途而设计的，目前在工业领域中以具有 6 个自由度的机器人应用最为广泛。带有 6 个关节的工业机器人与人类手臂极为相似，它具有相似于肩膀、肘

部和腕部的部位，它的“肩膀”通常安装在固定的基座上。人类手臂的作用是将手移动到不同的位置，而六轴机器人的作用则是移动末端执行器，在机械臂末端安装适用于特定应用场景的执行器，如手爪、喷灯、钻头或喷漆器等，以完成不同的工作任务。

2. 工作空间

机器人的工作空间是指机器人末端执行器运动描述参考点所能达到的空间点的集合，也称工作区域。工作空间代表机器人的活动范围，是衡量机器人工作能力的重要运动学指标。工作空间的形状和大小是十分重要的，机器人在执行某作业时可能会因为存在手部不能到达的作业死区而不能完成任务，因此工作空间是机器人设计、控制与应用过程中的重要考量因素，一般用水平面和垂直面的投影表示。

工作空间的形状因机器人的运动坐标形式不同而异。直角坐标型机器人操作手的工作空间是一个矩形六面体。圆柱坐标型机器人操作手的工作空间是一个开口空心圆柱体。极坐标型机器人操作手的工作空间是一个空心球面体。关节型机器人操作手的工作空间是一个球。因为操作手的转动幅受结构限制，一般不能整圈转动，故后两种工作空间实际上均不能获得整个球体，其中前者仅能得到由一个扇形截面旋转而成的空心开口截锥体，后者则得到几个相关的球体空间。

机器人的工作空间有三种类型：

（1）可达工作空间（reachable workspace），指机器人末端可达位置点的集合；

（2）灵巧工作空间（dexterous workspace），指在满足给定位姿范围时机器人末端可达点的集合；

（3）全工作空间（global workspace），指给定所有位姿时机器人末端可达点的集合。

3. 承载能力

承载能力是指机器人在工作范围内的任何位姿上所能承受的最大质量。承载能力不仅取决于负载的质量，还与机器人运行的速度和加速度的大小和方向有关。为安全起见，承载能力是指机器人高速运行时的承载能力。通常，承载能力不仅包括负载质量，还包括机器人末端执行器的质量。

4. 工作精度

工业机器人的工作精度主要是指定位精度和重复定位精度。定位精度也称为绝对精度，是指机器人手部实际到达位置与目标位置之间的差异。重复定位精度（或简称重复精度），是指机器人重复定位其手部于同一目标位置的能力，可以用标准偏差来表示，它是衡量一系列差值的密集度，即重复度。图 1-12 所示为重复定位精度的典型情况。

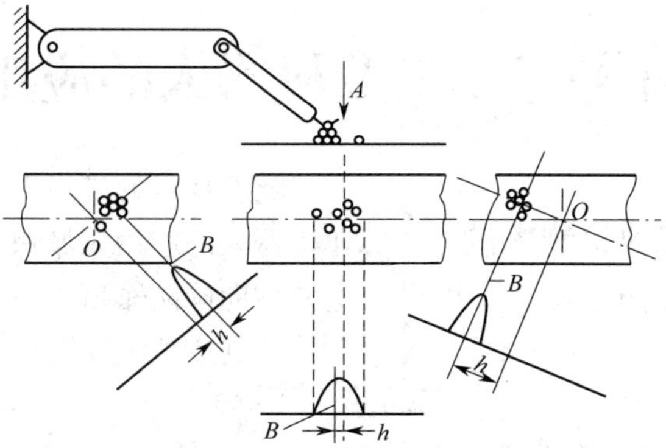

图 1-12　工业机器人重复定位精度的典型情况

工业机器人具有绝对精度低、重复精度高的特点。一般而言，机器人的绝对精度要比重复精度低 1~2 个数量级，造成这种情况的原因主要是机器人控制器根据机器人的运动学模型来确定机器人末端执行器的位置，而这个理论上的模型与实际机器人的物理模型存在一定误差。大多数商品化工业机器人都是以示教再现方式工作，由于重复精度高，示教再现方式可以使机器人很好地工作。而对于其他编程方式（如离线编程方式）的机器人来说，机器人的绝对精度就成为关键指标。

5. 最大工作速度

不同厂家对最大工作速度的规定亦有不同。有的厂家指主要自由度上最大的稳定速度，有的厂家指手臂末端最大的合成速度，通常在技术参数中加以说明。工作速度越高，工作效率越高。但是，工作速度越高，就要花费更多的时间去升速或降速，或者对机器人最大加速度的要求更高。

思考与练习

1. 填空题

（1）根据动力源不同，驱动系统的传动方式可分为______、______、______三种以及把它们结合起来应用的综合系统。

（2）工业机器人的机械系统由______、______、______、______四部分组成。

（3）机器人的感知系统担任着________的角色，由______模块和______模块组成。

（4）机器人自由度是指机器人所具有的________的数目，不包括________的开合自由度。

（5）工业机器人的工作精度主要是指______精度和______精度。

2. 简答题

（1）一台完整的工业机器人由哪几部分组成？

（2）简述机器人控制系统的基本功能。

（3）工业机器人的主要参数有哪些？

（4）什么是工业机器人的工作空间？

任务三　工业机器人的应用

微课:工业机器人的应用

随着技术的进步以及智能化水平的提高,工业机器人的应用领域快速扩张,从传统的汽车制造领域向国防军事、医疗卫生、食品加工、生活服务等非制造领域延伸。

1. 在搬运领域的应用

搬运机器人是可以进行自动化搬运作业的工业机器人。最早的搬运机器人出现在 1960 年的美国, Versatran 和 Unimate 两种机器人首次用于搬运作业。搬运作业是指用一种设备握持工件,从一个加工位置移到另一个加工位置。搬运机器人可以安装不同的末端执行器以完成各种不同形状和状态的工件搬运工作,大大减轻了人类繁重的体力劳动。目前,世界上使用的搬运机器人逾 10 万台,被广泛应用于机床上下料、冲压机自动化生产线、自动装配流水线、码垛搬运、集装箱自动搬运等,部分发达国家已制定出人工搬运的最大限度,超过限度的必须由搬运机器人来完成。

搬运机器人是近代自动控制领域出现的一项高新技术,涉及力学、机械学、电气液压气压技术、自动控制技术、传感器技术、单片机技术和计算机技术等学科领域,已成为现代机械制造生产体系中的一项重要组成部分。其优点是可以通过编程完成各种预期的任务,在自身结构和性能上具有人和机器的各自优势,尤其体现出人工智能和适应性。

2. 在码垛领域的应用

码垛机器人是从事码垛的工业机器人,将已装入容器的物体按一定排列顺序码放在托盘、栈板(木质、塑胶)上,进行自动堆码,可堆码多层,然后推出,以便于叉车运至仓库储存。码垛机器人可以集成在任何生产线中,为生产现场提供智能化、机器人化、网络化作业,可以实现啤酒、饮料和食品行业多种多样作业的码垛物流,广泛应用于纸箱、塑料箱、瓶类、袋类、桶装、膜包产品及灌装产品等。

在使用码垛机器人时,还要考虑一个重要的事情,就是机器人怎样抓住一个产品。真空吸盘是最常见的末端执行器。相对来说,其价格便宜、易于操作,而且能够有效装载大部分负载物。但是,在一些特定的应用中,真空吸盘也会遇到问题,例如表面多孔的基质、内容物为液体的软包装,或者表面不平整的包装等都不宜用真空吸盘抓取。

其他的末端执行器还包括:翻盖式抓手,它能将一个袋子或者其他包装形式的两边夹住;叉子式抓手,它插入包装的底部来将包装提升起来;袋子式抓手,它是翻盖式和叉子式抓手的混合体,它的叉子部分能包裹住包装的底部和两边。还可以将基本末端执行器类型进行其他的组合。

3. 在喷涂领域的应用

喷涂机器人又叫喷漆机器人,是可以进行自动喷漆或喷涂其他涂料的工业机器人, 1969 年由挪威 Trallfa 公司(后并入 ABB 集团)发明。喷涂机器人主要由机器人本体、供漆系统和相应的控制系统组成，液压驱动的喷涂机器人还包括液压油源，如液压泵、油箱和电动机等。

喷涂机器人多采用 5 或 6 自由度关节式结构，手臂有较大的工作空间，并可做复杂的轨迹运动，其腕部一般有 2~3 个自由度，可灵活运动。较先进的喷涂机器人腕部采用柔性手腕，既可向各个方向弯曲，又可转动，其动作类似人的手腕，能方便地通过较小的孔伸入工件内部，喷涂其内表面。喷涂机器人可采用液压驱动，具有动作速度快、防爆性能好等特点，可通过手把手示教或点位示教来实现示教。喷涂机器人广泛用于汽车、仪表、电器、搪瓷等领域。

4. 在焊接领域的应用

焊接机器人是从事焊接（包括切割与焊接）的工业机器人。根据国际标准化组织（ISO）将工业机器人定义为一种多用途的、可重复编程的自动控制操作机（Manipulator），具有三个或更多可编程的轴，可用于工业自动化领域。为了适应不同的用途，机器人最后一个轴的机械接口通常是一个连接法兰，可接装不同工具或末端执行器。焊接机器人就是在工业机器人的末轴法兰装接焊钳或焊（割）枪，使之能进行焊接、切割或热喷涂。

焊接机器人目前已广泛应用在汽车制造业，包括汽车底盘、座椅骨架、导轨、消声器以及液力变矩器等的焊接，尤其在汽车底盘焊接生产中得到了广泛的应用。

5. 在装配领域的应用

装配机器人是为完成装配作业而设计的工业机器人。装配机器人是柔性自动化装配系统的核心设备，由机器人操作机、控制器、末端执行器和传感系统组成。其中，操作机的结构类型有水平关节型、直角坐标型、多关节型和圆柱坐标型等；控制器一般采用多 CPU 或多级计算机系统，实现运动控制和运动编程；末端执行器为适应不同的装配对象而设计成各种手爪；传感系统用于获取装配机器人与环境和装配对象之间相互作用的信息。

常用的装配机器人主要有可编程序通用装配操作手（Programmable Universal Manipulator for Assembly）即 PUMA 机器人（最早出现于 1978 年，工业机器人的始祖）和平面双关节型机器人（Selective Compliance Assembly Robot Arm）即 SCARA 机器人两种类型。与一般工业机器人相比，装配机器人具有精度高、柔顺性好、工作空间小、能与其他系统配套使用等特点，主要用于各种电器的制造行业。装配机器人的大量作业是轴与孔的装配，为了在轴与孔存在误差的情况下进行装配，应使机器人具有柔顺性。主动柔顺性是根据传感器反馈信息，而从动柔顺性则利用不带动力的机构来控制手爪的运动以补偿其位置误差。例如美国 Draper 实验室研制的远心柔顺装置（Remote Center Compliance device，RCC），一部分允许轴做侧向移动而不转动，另一部分允许轴绕远心（通常位于离手爪最远的轴端）转动而不移动，分别补偿侧向误差和角度误差，实现轴孔装配。

装配机器人主要用于各种电器（如电视机、录音机、洗衣机、电冰箱、吸尘器）制造、小型电动机、汽车及其部件、计算机、玩具、机电产品及其组件的装配等。

6. 在激光加工领域的应用

激光加工机器人是将机器人技术应用于激光加工中，通过高精度工业机器人实现更加柔性的激光加工作业。系统通过示教盒进行在线操作，也可通过离线方式进行编程，可用于工件的激光表面处理、打孔、焊接和模具修复等。

7. 在真空作业领域的应用

真空机器人是一种在真空环境下工作的机器人，主要应用于半导体工业中，实现晶圆在真空腔室内的传输。真空机器人进口难、受限制、用量大、通用性强，其是制约半导体装备整机的研发进度和整机产品竞争力的关键部件。

8. 在洁净作业领域的应用

洁净机器人是一种在洁净环境中使用的工业机器人。随着生产技术水平不断提高，对生产环境的要求也日益苛刻，很多现代工业产品生产都要求在洁净环境中进行，洁净机器人是洁净环境下生产需要的关键设备。

随着工业机器人向更深更广方向发展以及机器人智能化水平的提高，机器人的应用范围还在不断扩大，已从汽车制造业推广到其他制造业，进而推广到非制造业，如采矿机器人、建筑业机器人以及水电系统用于维护维修的机器人等。在国防军事、医疗卫生、生活服务等领域，机器人的应用也越来越多，如无人侦察机（飞行器）、警备机器人、医疗机器人、家政服务机器人等均有应用实例。机器人正在为提高人类的生活质量发挥重要的作用。

工业史记

完成从无到有的跨越——我国第一台工业机器人

它们并不会说话，也没有像人一样的身体，却有多关节机械手、多自由度，还和工业生产、大众生活息息相关，这就是工业机器人。央视系列报道《新中国的第一》，记录新中国砥砺前行的奋斗历程，见证新时代开拓创新的精神力量，也带着我们走近新中国第一批工业机器人。

中国科学院沈阳自动化研究所是我国最早研制机器人与人工智能的科研单位。1979 年，沈阳自动化研究所在全国率先提出了研制机器人的方案，并付诸行动。中国工程院院士王天然介绍道："那时候的人不知道机器人是什么东西，最开始难度是非常之大，应该说那时候是一股激情、热情，要为国家做事的这个劲头。"

1982 年 4 月，我国第一台示教再现工业机器人样机研制成功，可重复再现通过人工编程存储起来的作业程序。同时期，哈尔滨工业大学、机械部等单位也投入研制工业机器人。

完成了从无到有的跨越之后，在国家"863"计划的支持下，工业机器人的应用研究开始加速。20 世纪 80 年代后期，国家投入资金，研制出喷涂、点焊、弧焊和搬运机器人。20 世纪 90 年代，沈阳自动化研究所自主研制成功了国产自动导引车，并第一次无故障运转在国内汽车生产线上，还在 1994 年和韩国公司签订协议，首次实现了技术出口，一举改写了中国机器人技术只有进口没有出口的历史。

2000 年 4 月，中国科学院沈阳自动化研究所成立新松机器人公司，标志着中国工业机器人走上了产业化发展道路。十八大以来，我国机器人市场进入高速增长期；2014 年，我国首创了重载双移动机器人系统，能让两个 40 吨的重载 AGV（自动导引车）协同工作；2017 年，我国首台拥有自主知识产权的真空机器人研制成功，可以在真空环境下水平移动重达 16 kg 的半导体材料。我国连续五年成为工业机器人全球第一大应用市场，同时也是世界上最大的机器人消费国。

如今中国机器人之林，林立着大大小小数十家机器人品牌。他们在机器人发展上不遗余力地提供各种解决方案，竭尽心力地为用户们解锁自动化，大有千帆竞发、百舸争流之势，产业呈现出旺盛的活力与生命力。正是前人的付出，才有中国机器人今天的成就。

思考与练习

（1）工业机器人的应用领域主要有哪些？

（2）结合实际，谈一谈工业机器人的发展趋势。

项目二　工业机器人基本操作

思政导入

习近平总书记指出："随着信息化、工业化不断融合，以机器人科技为代表的智能产业蓬勃兴起，成为现时代科技创新的一个重要标志。"工业机器人因其生产过程中产品的一致性好、可靠性高和适应性强等优点，已广泛应用于汽车、机械加工、物流以及航空航天等多个领域，日趋成熟。当前，航空航天领域产品制造仍处于劳动密集、工序繁复、环境恶劣的阶段，生产产品的精度和能力不足，极大阻碍了航空航天领域的发展。工业机器人在航空航天领域的应用，不仅有效提高了产品质量和生产效率、节约了人工劳动力及生产制造成本，更增加了航空航天领域的生产柔性和竞争力。目前，航空航天领域工业机器人正朝着多样化方向发展，移动式工业机器人、多臂协同工业机器人、末端伺服工业机器人、灵巧关节工业机器人等为航空航天制造领域的发展带来了新的机遇与突破。

而手动操控机器人是工业机器人现场编程的基础技术，通过手控操作，告诉机器人工作时运动的起点和终点。机器人控制系统在已知起始点的情况下，才能进行定位控制，自动运行。

知识目标

1. 熟知工业机器人的安全规程。
2. 熟悉示教器各按键的作用。
3. 掌握手动操控机器人的方法和步骤。
4. 掌握手动操作时机器人运动速度的调节方法。
3. 理解机器人的位置数据。

技能目标

1. 能熟练运用急停按钮进行急停和解除急停。
2. 会使用示教器操控机器人以规定的姿势到指定位置。
3. 会查阅机器人当前的位置数据。

任务一　安全操作规程

2.1.1　安全操作规程概述

微课：机器人安全操作规程

机器人在空间运动时，其动作空间属于危险场所，可能发生意外事故。为确保安全，在操作机器人时必须遵守以下事项。

(1)机器人操作人员必须经过专业培训,必须熟识机器人本体和控制柜上的各种安全警示标识,按照操作要领手动或自动编程控制机器人动作。

(2)操作人员必须穿工作服,正确佩戴安全帽。

(3)不要戴手套操作示教器和操作面板。

(4)运行机器人前,要先检查并确认机器人所要执行的程序路径,且路径上没有工具、夹具、工件妨碍机器人执行正常动作,切勿盲目运行机器人,以免造成工件、设备的损坏。

(5)通电中禁止未受培训的人员触摸机器人和示教器,以免导致人员伤害或者设备损坏。

(6)不要戴手套操作机器人示教盘,如需要手动控制机器人,应确保机器人动作范围内无任何人员和障碍物,将速度由慢到快逐渐调整,避免速度突变造成人员或设备损害。

(7)在按下示教器上的点动键之前,要考虑到机器人的运动趋势,当机器人静止时,不要认为机器人没有移动,其程序就已经完成了,此时机器人很有可能是在等待让它继续移动的输入信号。

(8)因故离开设备工作区前,应按下急停开关,避免突然断电造成关机零位丢失,并将示教器放置在安全位置。

(9)工作结束,应将机器人置于零位位置或安全位置,然后关断电源开关和气源开关。

(10)机器人周围区域需清洁,无油、水及杂质等。

(11)在开机运行前,必须知道机器人根据所编程序将要执行的全部任务。

(12)必须知道所有会影响机器人移动的开关、传感器和控制信号的位置和状态。

(13)必须知道机器人控制器和外围控制设备上的紧急停止按钮的位置,以备在紧急情况下使用这些按钮。

(14)要预先考虑好避让机器人的运动轨迹,并确认该路线不受干涉。

2.1.2　作业人员的安全

机器人的作业人员指对机器人进行操作、编程、维护等的人员,主要可分为三类:操作人员、程序员、维修工程师。作业人员要穿上适合于作业的工作服和安全鞋,戴好安全帽,扣紧工作服的衣扣、领口、袖口,衣服和裤子要整洁,下肢不能裸露,鞋子要防滑绝缘。

1. 操作人员的安全

操作人员是指在日常运转中对机器人系统的电源进行 ON 和 OFF 操作,或通过操作面板等执行机器人程序的启动操作的人员。

(1)操作人员必须阅读和理解设备所有使用说明,掌握设备操作程序及各种注意事项。工作前必须穿好工作服及其他劳动保护用品,对所使用的设备及工位器具等进行认真综合点检,确认正常后方可使用。

(2)操作人员必须熟悉并掌握设备上各种警示标识和警示符号的内容及准确位置,并保证各种警示标识和警示符号的完整清晰,在打开和启动设备前,确保所有安全装置及相关附件正常,且无人在设备启动的危险位置。操作人员在机器人停止作业时方可进入其工作范围内,当机器人运行出现异常情况时应立即停机并及时报告。

（3）操作人员应站在安全栅栏（图 2-1）外进行机器人系统的操作，如图 2-2 所示。

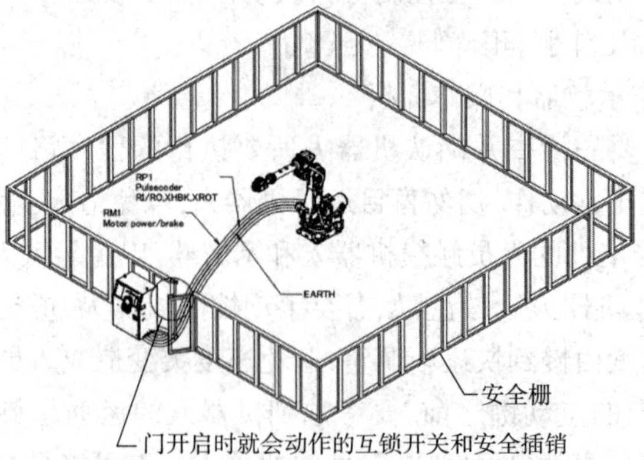

图 2-1 安全栅栏和安全门

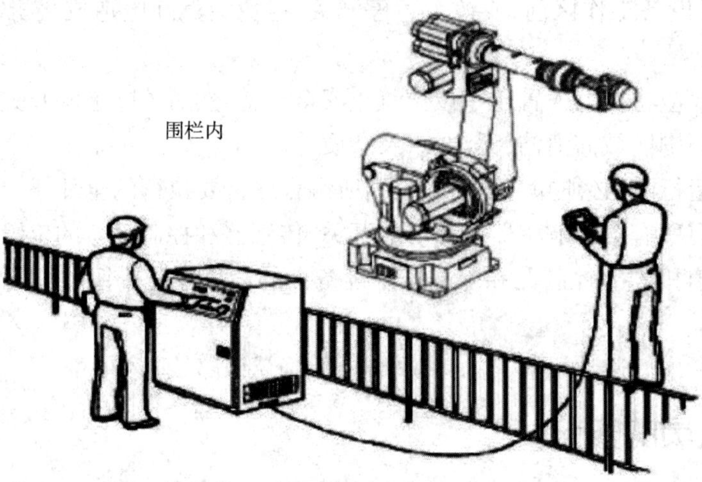

图 2-2 工业机器人操作人员的安全

（4）不需要操作机器人时，应断开机器人控制装置的电源，或者在按下急停按钮的状态下进行作业。

（5）每次只能有一位操作人员进入警戒线划定的设备操作区域内，其余人员不允许进入设备操作区域。

（6）操作人员必须明确操作、调试、维护和维修的职责范围，其他人员不得进入危险区。

（7）操作人员必须确保机台整洁干净、摆放清楚，及时清除锈迹及表面油污。

2. 程序员的安全

在进行机器人的示教作业时，某些情况下需要进入机器人的动作范围内，程序员尤其要注意安全。

（1）在不需要进入机器人的动作范围内的情形下，务必在机器人的动作范围外进行作业。

（2）在进行示教作业之前，应确认机器人或者外围设备没有处在危险的状态且没有异常。

(3)在迫不得已的情况下需要进入机器人的动作范围内进行示教作业时,应事先确认安全装置(如急停按钮、示教器的安全开关等)的位置和状态等。

(4)程序员应特别注意,勿使其他人员进入机器人的动作范围内。

(5)编程时应尽可能在安全栅栏的外边进行,因不得已情形而需要在安全栅栏内进行编程时,应注意下列事项:

①仔细查看安全栅栏内的情况,确认没有危险后再进入安全栅栏内部;

②要做到随时都可以按下急停按钮;

③应以低速运行机器人。

(6)应在确认清楚整个系统的状态后进行作业,以避免由于针对外围设备的遥控指令和动作等而导致作业人员陷入危险境地。

(7)从操作箱或操作面板使机器人启动时,应在充分确认机器人的动作范围内没有人且没有异常后再执行。

(8)在程序结束后,务必按照下列步骤执行测试运转:

①在低速下,在一个步骤至少执行一个循环;

②在低速下,通过连续运转至少执行一个循环;

③在中速下,通过连续运转执行一个循环,确认没有发生由于时滞等而引起的异常;

④在运转速度下,通过连续运转执行一个循环,确认可以顺畅地进行自动运行;

⑤通过上面的测试运转确认程序没有差错,然后在自动运行下执行程序。

(9)程序员在进行自动运转时,务必撤离到安全栅栏外。

3. 维修工程师的安全

维修工程师需要在安全栅栏内进行机器人的示教等,同时要进行机器人的维护(修理、调整、更换)作业。为了确保维修工程师的安全,应充分注意下列事项。

(1)在机器人运转过程中切勿进入机器人的动作范围内。

(2)应尽可能在断开机器人和系统电源的状态下进行作业。当接通电源时,有的作业有触电的风险。此外,应根据需要上好锁,以使其他人员不能接通电源。即使是在由于迫不得已而需要接通电源后再进行作业的情形下,也应尽量按下急停按钮后再进行作业。

(3)在通电中因迫不得已的情况而需要进入机器人的动作范围内时,应在按下操作箱/操作面板或者示教器的急停按钮后再进入。此外,作业人员应挂上“正在进行维修作业”的标牌,提醒其他人员不要随意操作机器人。

(4)在进入安全栅栏内部时,要仔细查看整个系统,确认没有危险后再进入。如果在存在危险的情形下不得不进入安全栅栏内部,则必须把握系统的状态,同时要十分小心谨慎。

(5)在进行气动系统的维修时,务必释放供应气压,将管路内的压力降低到0以后再进行。

2.1.3　机器人系统的安全设备

机器人系统的安全设备主要有紧急停止、模式选择开关、DEADMAN开关。

微课:工业机器人的启动与停止

1. 紧急停止

机器人的急停设备可分为急停按钮和外部急停。

(1)急停按钮:当机器人的急停按钮被按下时,机器人立即停止运行。

(2)外部急停:外部急停信号(输入信号)来自外围设备,如安全栅栏、安全门,信号接线端在机器人控制柜内。

发那科(FANUC)机器人的急停按钮有两个,分别是位于控制柜操作面板上的急停按钮以及位于示教器(TP)右上角的急停按钮,如图 2-3 所示。

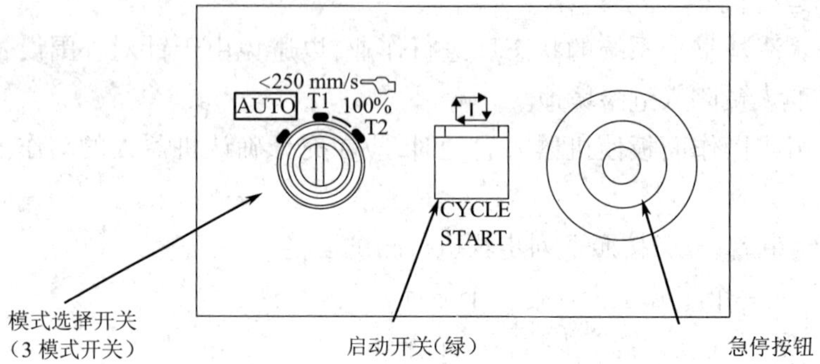

图 2-3 发那科机器人操作面板

系统还配有外部紧急停止按钮(输入信号),有双回路规格和单回路规格两种,如图 2-4 所示。

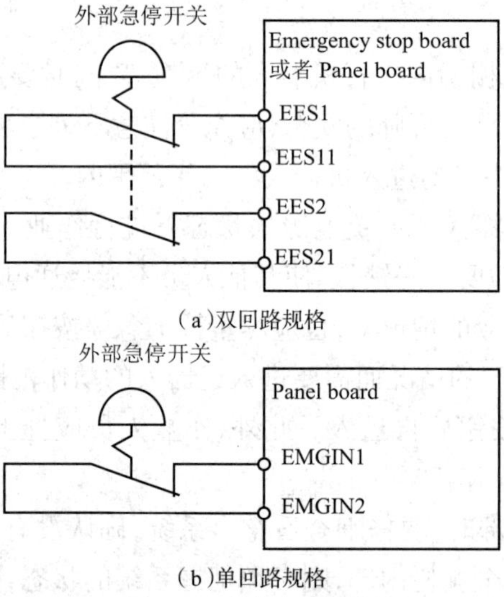

图 2-4 外部急停按钮

2. 模式选择开关

模式选择开关位于机器人控制柜上面,如图 2-5 所示。通过模式选择开关可以选择一种操作模式,被选择的模式通过拔掉钥匙进行锁定。机器人要在停止的状态下,才能进行模式转换操作,并且相应的信息会显示在示教器的液晶显示屏上。

1)AUTO 自动模式

(1)安全栅栏信号有效。

(2)机器人能以指定的最大速度运行。

(3)可通过操作面板的启动按钮或外围设备的 I/O 信号启动机器人程序。

2)T1 调试模式 1

(1)程序只能通过示教器(TP)启动。

(2)机器人的运行速度不能高于 250 mm/s。

(3)安全栅栏信号无效。

3)T2 调试模式 2

(1)程序只能通过示教器(TP)启动。

(2)机器人能以指定的最大速度运行。

(3)安全栅栏信号无效。

3. DEADMAN 开关

DEADMAN 开关在示教器(TP)背部,左右各一个,每个开关有两个挡位,如图 2-6 所示。DEADMAN 开关相当于一个“使能装置”。在 T1、T2 模式下,在示教器有效时,只有按住 DEADMAN 开关在第一挡位,机器人才可以运动;如果松开或按紧 DEADMAN 开关至第二挡位,机器人将立即停止运动。

图 2-5　模式选择开关

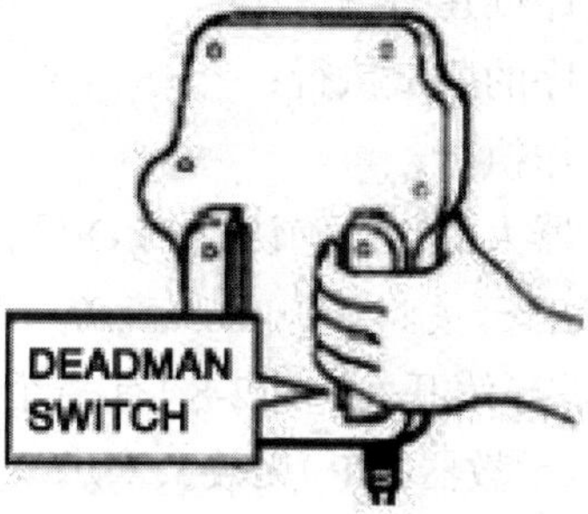

图 2-6　DEADMAN 开关

任务二　示教器的使用

2.2.1　认识示教器

示教器(TP)通过电缆与控制器连接,它是工业机器人的人机交互接口。机器人的绝大部分操作均可以通过示教器来完成,如点动机器人,编写、测试和运行机器人程序,设定、查阅机器人状态设置和位置等。

微课:示教器的功能

FANUC 机器人的示教器前面板由 640 × 480 像素的液晶画面、2 个 LED、3 个开关、TP 操作键盘组成，其中 3 个开关分别是示教器有效开关、急停按钮和 DEADMAN 开关，后面板有两个黄色长条形的 DEADMAN 开关，如图 2-7 所示。

（a）前面板　（b）后面板

图 2-7　示教器外形

示教器在机器人系统中起到以下作用：

（1）机器人的点动进给；

（2）程序创建与编写；

（3）程序的测试执行；

（4）操作执行；

（5）机器人的状态确认，如 I/O 设置、位置信息等。

1. 示教器开关

示教器有效开关（图 2-8）有两个挡，即"ON"和"OFF"。"ON"表示示教器（TP）有效，"OFF"表示示教器（TP）无效。当示教器无效时，示教器不能进行示教、编程、手动运行。

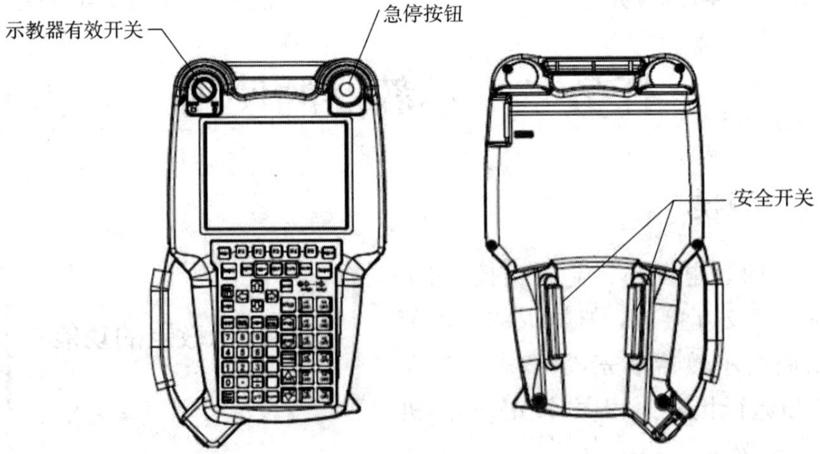

图 2-8　示教器开关

示教器 TP 右上角的红色是急停按钮,当机器人的急停按钮被按下时,机器人立即停止运行。

DEADMAN 安全开关是一个二位置开关,通过按压到中间点使示教器有效。DEADMAN 安全开关松开或用力将其握紧时,机器人就会停止。只有当示教器有效,且 DEADMAN 安全开关在中间位置时,机器人才能运动;一旦松开或压紧,机器人立即停止运动并发出报警,FAULT(异常)指示灯亮。

2.TP 操作键盘

TP 操作键盘如图 2-9 所示,由 68 个按键组成。

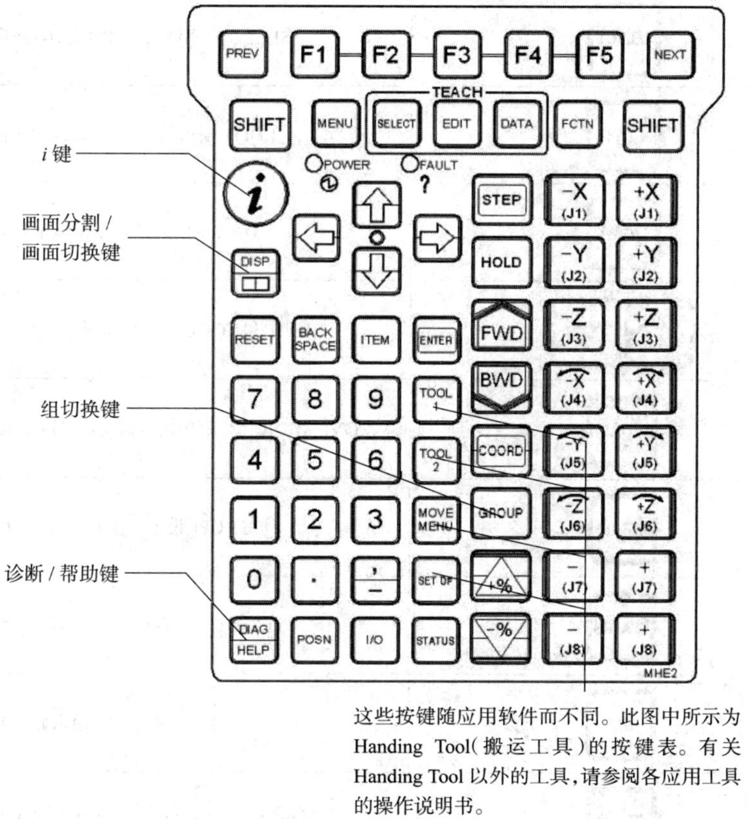

图 2-9　TP 操作键盘

表 2-1 列出了 TP 操作键盘中每个按键的功能。

表 2-1　TP 操作键盘按键功能介绍

序号	按键	功能
1	F1 F2 F3 F4 F5	F(功能)键,选择画面最下行的功能键菜单

续表

序号	按键	功能
2	NEXT	NEXT(翻页)键,用来将功能键菜单切换到下一页
3	MENU	MENU(菜单)键,用来显示画面菜单
4	FCTN	FCTN(辅助)键,用来显示辅助菜单
5	SELECT	SELECT(一览)键,用来显示程序一览画面
6	EDIT	EDIT(编辑)键,用来显示程序编辑画面
7	DATA	DATA(数据)键,用来显示数据画面
8	TOOL 1 TOOL 2	TOOL1 和 TOOL2 键,用来显示工具 1 和工具 2 画面
9	MOVE MENU	MOVE MENU 键,用来显示预定位置返回画面(目前尚未支持)
10	SET UP	SET UP(设定)键,用来显示设定画面
11	STATUS	STATUS(状态显示)键,用来显示状态画面
12	I/O	I/O(输入/输出)键,用来显示 I/O 画面
13	POSN	POSN(位置显示)键,用来显示当前位置画面
14	DISP	在单独按下的情况下,移动到操作对象画面; 在与 SHIFT 键同时按下的情况下,分割屏幕(单屏、双屏、三屏、状态/单屏)
15	DIAG / HELP	在单独按下的情况下,移动到提示画面; 在与 SHIFT 键同时按下的情况下,移动到报警画面
16	GROUP	GROUP(组切换)键,用来运动组切换

续表

序号	按键	功能
17		SHIFT 键与其他按键同时按下时,可以进行点动进给、位置数据的示教、程序的启动,左右两边的 SHIFT 键功能相同
18	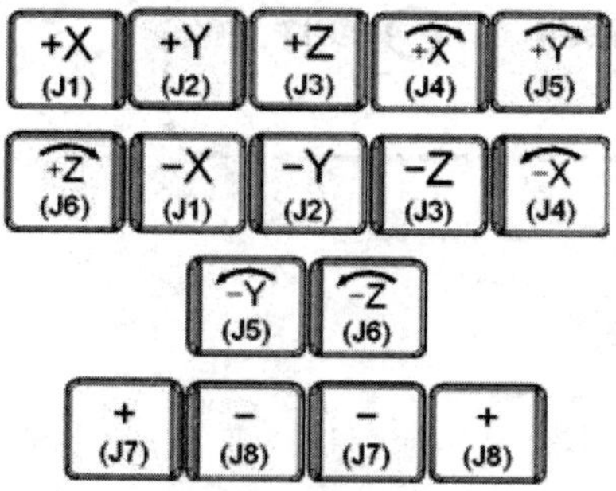	点动键,与 SHIFT 键同时按下,可用于点动进给
19		COORD 键,用来切换手动进给坐标,依次进行如下切换:“关节”→“手动”→“世界”→“工具”→“用户”→“关节”。当同时按下此键与 SHIFT 键时,出现用来进行坐标系切换的点动菜单
20	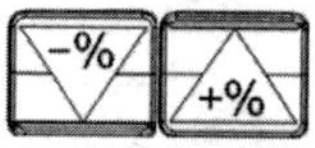	倍率键,用来进行速度倍率的变更。依次进行如下切换:“微速”→“低速”→“ 1 % → 5 % → 50 % → 100 %”
21		FWD(前进)键、BWD(后退)键,与 SHIFT 键组合用于程序的启动,程序执行中松开 SHIFT 键时,程序执行暂停
22		HOLD(保持)键,用来中断程序的执行
23		STEP(断续)键,用于测试运转时的断续运转和连续运转的切换
24		PREV(返回)键,用于使显示返回到之前进行的状态,根据操作,有的情况下不会返回到之前的状态显示
25		ENTER(输入)键,用于数值的输入和菜单的选择
26		BACK SPACE(取消)键,用来删除光标位置之前的一个字符或数字
27	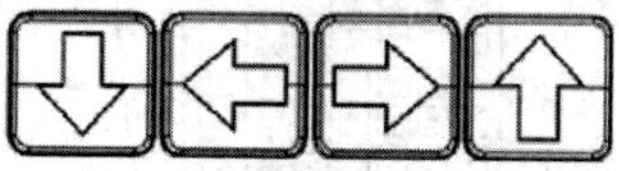	光标键,用来移动光标
28		ITEM(项目选择)键,用于输入行号码后移动光标

示教器上还有 2 个 LED，如图 2-10 所示。其中，POWER（电源）表示控制装置的电源接通，FAULT（报警）表示发生报警。

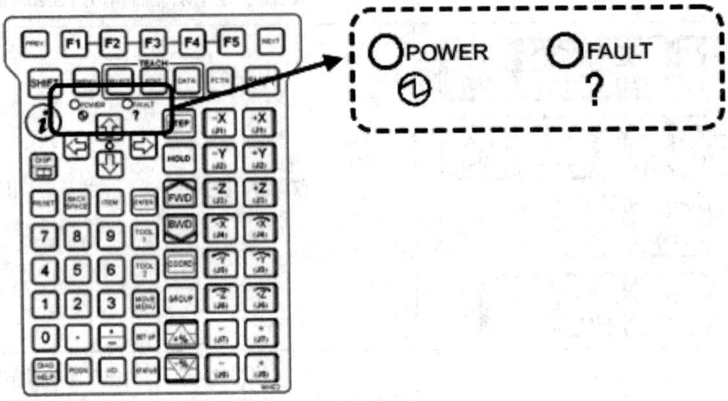

图 2-10 示教器的 LED

2.2.2 示教器画面

微课：示教器的使用方法

1. 状态窗口

状态窗口位于示教器显示画面的最上方，包含 8 个软件 LED、报警显示和倍率值，如图 2-11 所示。

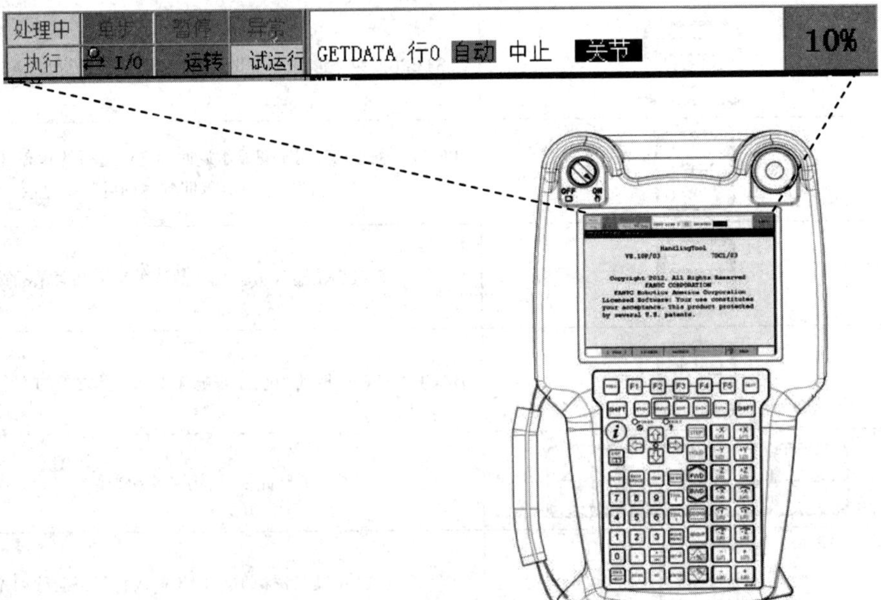

图 2-11 状态窗口

8 个软件 LED 的图标与功能在表 2-2 中列出。

表 2-2　8 个软件 LED 的图标与功能

显示 LED（上段表示 ON，下段表示 OFF）	功能
处理中 	表示机器人正在进行某项作业
单段 	表示处在单段运转模式下
暂停 	表示按下了 HOLD（暂停）按钮，或者输入了 HOLD 信号
异常 	表示发生了异常
执行 	表示正在执行程序
I/O 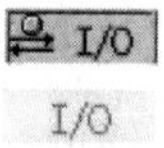	这是应用程序固有的 LED，这里示出了搬运工具的例子
运转 	这是应用程序固有的 LED，这里示出了搬运工具的例子
试运行 	这是应用程序固有的 LED，这里示出了搬运工具的例子

2. 画面菜单

通过菜单进行示教器的操作，包括主菜单和辅助菜单，可以分别通过【MENU】键和【FCTN】（辅助）键进行调用。

1）主菜单

主菜单共有 MENU1 和 MENU2 两页，如图 2-12 所示。

Page 1	Page 2
1 UTILITIES	1 SELECT
2 TEST CYCLE	2 EDIT
3 MANUAL FCTNS	3 DATA
4 ALARM	4 STATUS
5 I/O	5 POSITION
6 SETUP	6 SYSTEM
7 FILE	7 USER2
8 SOFT PANEL	8 BROWSER
9 USER	9
0 ---NEXT---	0 ---NEXT---

Page 1	Page 2
1 实用工具	1 一览
2 试运行	2 编辑
3 手动操作	3 数据
4 报警	4 状态
5 I/O	5 4D 图形
6 设置	6 系统
7 文件	7 用户 2
8	8 浏览器
9 用户	9
0 -- 下页 --	0 -- 下页 --

图 2-12 主菜单

主菜单中各条目的功能在表 2-3 中给出。

表 2-3 主菜单各条目的功能

条目	功能
实用工具	使用各类机器人的功能
试运行	进行测试运转用的设定
手动操作	手动执行宏指令
报警	显示发生的报警和过去报警履历以及详细情况
I/O	进行各类 I/O 的状态显示、手动输出、仿真输入 / 输出、信号的分配、注解的输入
文件	进行程序、系统变量、数值寄存器文件的加载和保存
设置	进行系统的各种设定
用户	在执行消息指令时显示用户消息
一览	显示程序一览。也可进行创建、复制、删除等操作
编辑	进行程序的示教、修改、执行
数据	显示数值寄存器、位置寄存器和码垛寄存器的值
状态	显示系统的状态
4D 图形	显示 3D 画面，同时显示现在的位置数据
系统	进行系统变量的设定、零点标定的设定等
用户 2	显示从 KAREL 程序输出的消息
浏览器	进行网络上的 Web 网页的浏览

2）辅助菜单

按示教器上的【FCTN】键，显示辅助菜单画面，如图 2-13 所示。

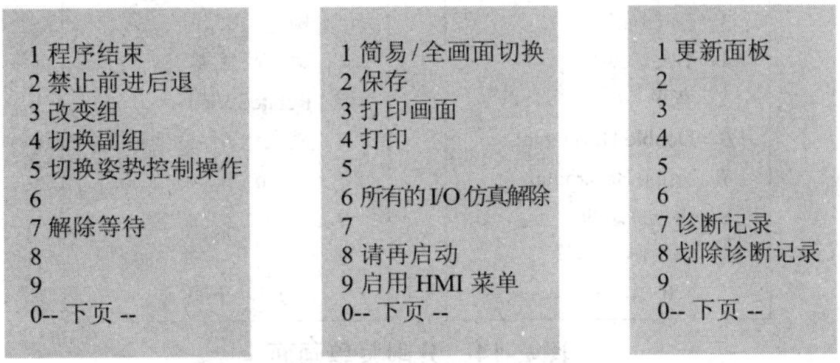

图 2-13　辅助菜单

辅助菜单中各条目的功能在表 2-4 中给出。

表 2-4　辅助菜单各条目的功能

条目	功能
程序结束	强制结束功能执行中或暂停中的程序
禁止前进后退	禁止或解除从示教器启动程序
改变组	在点动进给中，进行动作群组的切换，只有在设定了多组的情况下予以显示
切换副组	在点动进给中，进行机器人标准轴和附加轴之间的切换，只有在设定了附加轴的情况下予以显示
切换姿势控制操作	在点动进给中，进行姿势控制进给和手腕关节进给（不通过直线点动进给来保持手腕姿势）之间的切换
解除等待	跳过当前执行中的等待指令，解除等待时，程序的执行在等待指令的下一行暂停
简易 / 全画面切换	切换通常的画面菜单和快捷菜单
保存	将与当前显示的画面相关的数据保存在外部存储装置中
打印画面	原样打印当前所显示的画面内容
打印	打印程序、系统变量
所有的 I/O 仿真解除	解除所有 I/O 信号的仿真设定
请再启动	可以进行再启动（电源 OFF/ON），R-30iB Mate 上不予显示
启用 HMI 菜单	按下 MENU 键时，选择是否显示 HMI 菜单
更新面板	进行画面的再次显示
诊断记录	发生故障时记录调查用数据，在电源置于 OFF 前记录下来
划除诊断记录	删除所记录的调查用数据

3. 示教器画面分割

按下 DISP +【SHIFT】键，显示分割菜单画面，如图 2-14 所示。

显示 1
1 一个画面
2 二个画面
3 三个画面
4 TreeView
5 宽平
6 Double Horizontal
7 Triple Horizontal
8 帮助 / 诊断
9 编辑画面转换
0 -- 下页 --

显示 2
1 状态 / 一个画面
2 履历
3 构造
4 菜单收藏夹
5 Related Views
6 最大化 / 尺寸返回
7 Zoom
8
9
0 -- 下页 --

图 2-14 分割菜单画面

分割菜单画面中各条目的含义见表 2-5。

表 2-5 分割菜单画面各条目的含义

项目	含义
一个画面	在整个画面只显示一个数据，画面不予分割
二个画面	分割为左右 2 个画面
三个画面	左右 2 个画面中，右边的画面上下分割，共显示 3 个画面
状态 / 一个画面	分割为左右 2 个画面，但右边的画面略大，左边的画面显示带有图标的状态辅助窗口
宽平	至多能够显示横向 76 个字符、纵向 20 个字符
Double Horizontal	分割为上下 2 个画面
Triple Horizontal	上下 2 个画面中，上面的画面左右分割，共显示 3 个画面
编辑画面转换	分割显示多个编辑画面时，切换编辑对象的程序
履历	显示紧靠其前所显示的 8 个菜单，可显示所选的菜单
构造	显示已登录的画面配置的列表，可根据选择变更配置
菜单收藏夹	显示已登录的菜单的列表，可显示选择的菜单
Related Views	所显示的画面上已登录有相关视图时，相关视图将被显示在辅助菜单上，并可显示所选择的相关视图
最大化 / 尺寸返回	在对画面进行 2 分割、3 分割时，全画面显示现在所选择的画面，并再次复原
Zoom	放大所选画面的字符，并使放大的字符复原

示教器双画面与三画面显示状态如图 2-15 所示。

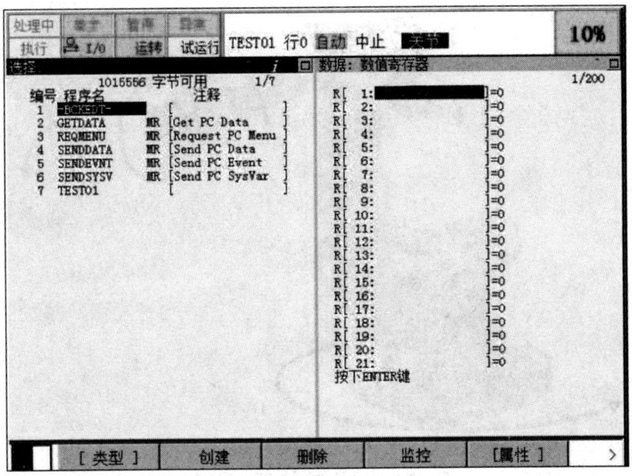

（a）双画面

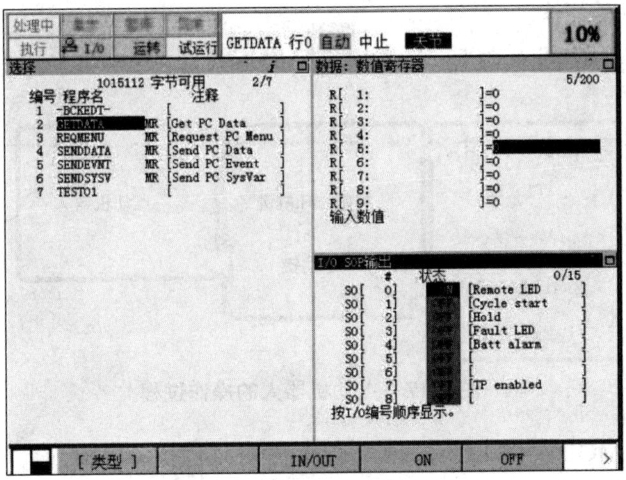

（b）三画面

图 2-15　示教器双画面、三画面显示状态

任务三　点动机器人

机器人的点动进给是指通过示教器的手动操作自由地操控机器人，是通过示教器上的按键来操控机器人的一种进给方式。在程序中对动作语句进行示教时，一般采用点动的方式将机器人移动到目标位置，通过记录位置进行移动。

2.3.1　点动机器人的条件

微课：机械臂的示教

1.FANUC 机器人轴的命名

垂直于底座的轴为 J1 轴，其他轴依次为 J2、J3、J4、J5、J6 轴，各轴旋转的正负方向如图 2-16 所示。

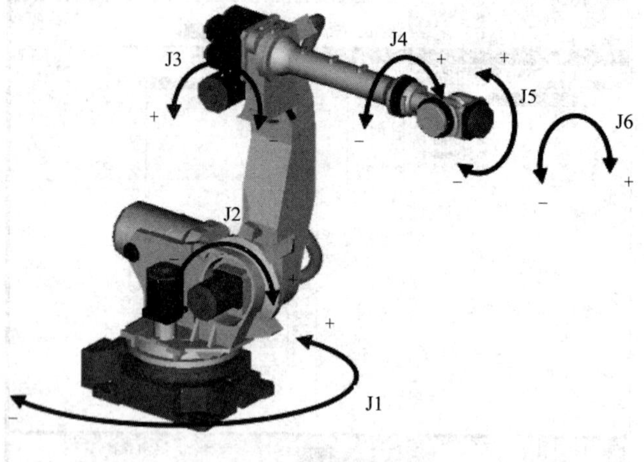

图 2-16 六轴机器人的轴

2. 点动机器人的条件

机器人的点动操作如图 2-17 所示,需要满足以下条件:

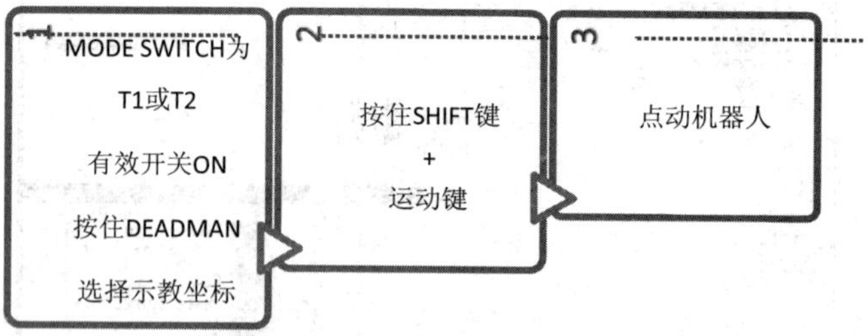

图 2-17 点动机器人的操作过程

(1)控制柜上的 MODE SWITCH(模式选择开关)位置在 T1 或 T2 位;

(2)示教器有效开关在 ON 位;

(3)按住 DEADMAN 开关;

(4)选择所需要的示教坐标;

(5)同时按住 SHIFT 键和运动键。

基于点动进给的机器人的动作通过示教器的按键执行,确定点动进给的要素有以下两点。

(1)速度倍率:机器人运动的速度(JOG 的速度)。

(2)手动进给坐标系:机器人运动的坐标种类(JOD 的种类)。

速度倍率是确定点动速度的要素,示教画面如图 2-18 所示,以相对点动进给机器人时的最大速度的百分比(%)来表示。当前的速度倍率显示在示教器画面的右上角。通过按下倍率键,即可变更倍率值。速度倍率为 100% 表示机器人在该设定下可以运动的最大速度。低速的步进量,在直线点动进给的情况下,标准设定为每步 0.1 mm;在关节点动进给的情况下,标准设定下关节每步大约移动 0.001°,微速的步宽为低速条件下所指定的十分之一。

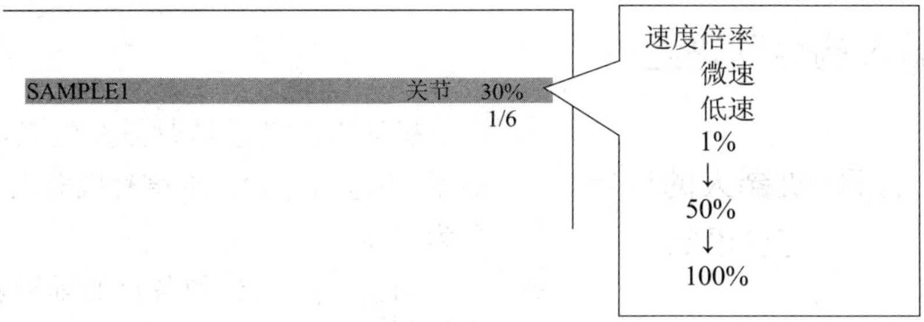

图 2-18　速度倍率画面显示

按住【SHIFT】键的同时按下倍率键,速度将按照微速、低速、1%、50%、100% 等 5 挡变化,如图 2-19 所示。可根据加工单元的状态、机器人的动作种类或者熟练程度确定速度倍率。在习惯机器人操作之前,应在较低的速度倍率进行操作。

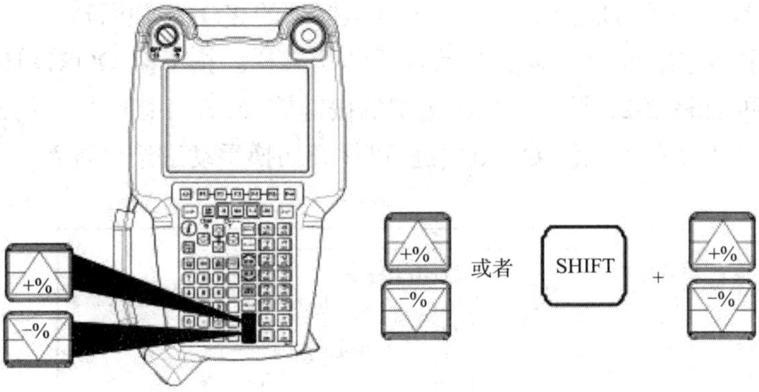

图 2-19　速度倍率调整

点动速度表示点动进给时机器人运动的速度。点动速度可通过变量求出,速度倍率可以通过速度倍率键设定。当速度值超过 T1/T2 模式下的速度限制 250 mm/s 时,速度被钳制在 250 mm/s,如图 2-20 所示。

点动速度(关节进给)(deg/s,mm/s)=

$$\text{关节最大速度} \times \frac{\text{关节点动倍率}}{100} \times \frac{\text{速度倍率}}{100}$$

点动速度(直线进给)(mm/s)=

$$\text{直线最大速度} \times \frac{\text{点动倍率}}{100} \times \frac{\text{速度倍率}}{100}$$

点动速度(旋转进给)(deg/s)=

$$\text{旋转最大速度} \times \frac{\text{姿势点动倍率}}{100} \times \frac{\text{速度倍率}}{100}$$

关节点动倍率	$SCR_GRP[g].$JOGLIM_JNT[i](%)
点动倍率	$SCR.$JOGLIM(%)
姿势点动倍率	$SCR.$JOGLIMROT(%)

注：g 为群组编号,i 为轴编号

图 2-20　点动进给速度

2.3.2 机器人的点动进给

微课：机器人的运行速度设定

机器人点动进给时需要先确定手动进给坐标系，再进行点动。进给时机器人的运动方式可分为三类。

（1）关节点动：使各自的轴沿着关节坐标独立运动。

（2）直角点动：使机器人的工具中心点沿着用户坐标系或点动坐标系的 X、Y、Z 轴运动，此外还可以使机器人的工具绕世界坐标系旋转，或者绕用户坐标系、点动坐标系的 X、Y、Z 轴旋转。

（3）工具点动：使工具中心（TCP）沿着机器人的手腕部分所定义的工具坐标系的 X、Y、Z 轴运动。此外，工具点动还可以使工具围绕工具坐标系的 X、Y、Z 轴回转。

当前所选的手动进给坐标系显示在示教器的状态栏。按下【COORD】键，画面右上方显示反向的弹出菜单，如图 2-21 所示。在触碰别的按键前，或者没有进行任何操作时，几秒后该显示将自动消失，按下示教器的【COORD】键，可循环切换手动进给坐标系。

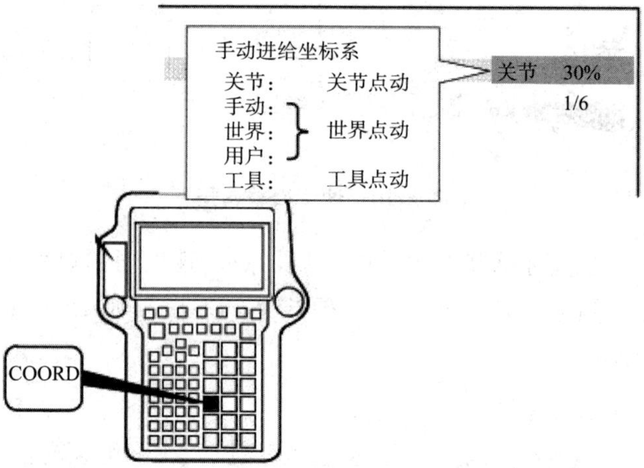

图 2-21 手动进给坐标系显示

通过【COORD】键选择合适的坐标系，包括关节坐标系、手动坐标系、世界坐标系、工具坐标系和用户坐标系。

1. 关节点动

按下【COORD】键，使示教器的状态栏中显示为“JOINT”，表明当前为关节坐标系。

在当前坐标系为 JOINT 状态下，同时按【SHIFT】+J1（+X）键，机器人将沿 J1 轴的正方向旋转，其他轴保持不动；同时按【SHIFT】+J1（−X）键，机器人将沿 J1 轴的负方向旋转；按【SHIFT】+ 其他运动键，实现 J2 至 J6 轴的独立运动，如图 2-22 所示。

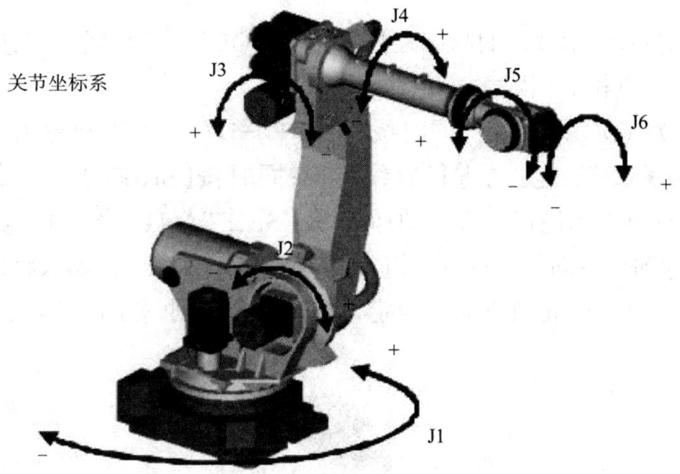

图 2-22　关节点动示意图

2. 直角点动

按下【COORD】键，使示教器的状态栏显示为“WORLD”，表明当前为世界坐标系。

世界坐标系是以机器人电缆进线向前方向为 +*X*，以笛卡儿法则来定义坐标，原点在水平移动 J2 轴与 J1 轴相交的点上，如图 2-23 所示。

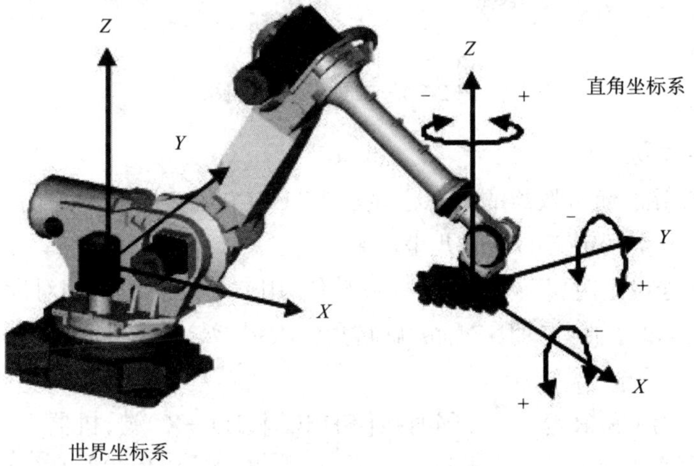

图 2-23　直角点动示意图

在当前坐标系为 WORLD 状态下，同时按【SHIFT】+J1（+X）键，机器人 TCP（工具中心点）将沿 WORLD 坐标系的 *X* 轴正方向进行直线运动；同时按【SHIFT】+J1（−X）键，机器人将沿 WORLD 坐标系的 *X* 轴负方向进行直线运动；同时按【SHIFT】+J4（+$\widehat{X}$）键，机器人将以当前 TCP 为参考点，以 *X* 轴为轴正方向旋转，同时按【SHIFT】+J4（−$\widehat{X}$）键，机器人将以当前 TCP 为参考点，以 *X* 轴为轴负方向旋转，正负方向的规定符合笛卡儿法则。

3. 工具点动

按下【COORD】键，使示教器的状态栏显示为“TOOL”，表明当前为工具坐标系，工具坐标系主要用来定义 TCP 点相对位置。

在当前坐标系为 TOOL 状态下，同时按【SHIFT】+J1（+X）键，机器人 TCP（工具中心点）将沿 TOOL 坐标系的 X 轴正方向进行直线运动；同时按【SHIFT】+J1（-X）键，机器人将沿 TOOL 坐标系的 X 轴负方向进行直线运动；同时按【SHIFT】+J4（$+\widehat{X}$）键，机器人将以当前 TCP 为参考点，以 X 轴为轴正方向旋转；同时按【SHIFT】+J4（$-\widehat{X}$）键，机器人将以当前 TCP 为参考点，以 X 轴为轴负方向旋转，正负方向的规定符合笛卡儿法则，如图 2-24 所示。

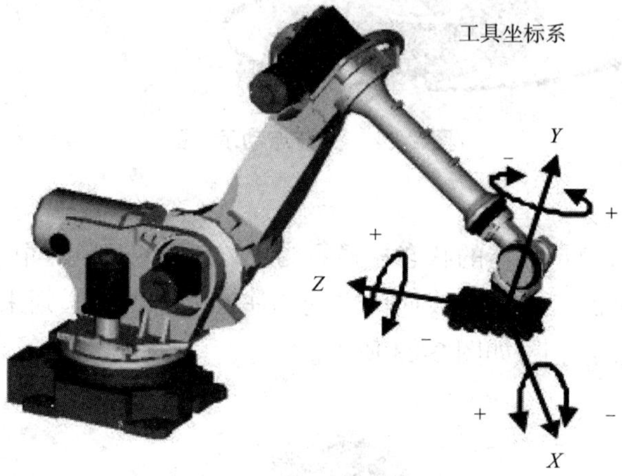

图 2-24 工具点动示意图

4. 用户坐标系点动

按下【COORD】键，使示教器的状态栏显示为“USER”，表明当前为用户坐标系，用户坐标系是用户对每个作业空间定义的笛卡儿坐标系。

用户坐标系尚未设定时，将被世界坐标系替代，用户坐标系通过相对世界坐标系的坐标原点的位置（X、Y、Z）和 X 轴、Y 轴、Z 轴的旋转角（W, P, R）来定义，最多可以设置 9 个用户坐标系。

在当前坐标系为 USER 状态下，同时按【SHIFT】+J1（+X）键，机器人 TCP（工具中心点）将沿 USER 坐标系的 X 轴正方向进行直线运动；同时按【SHIFT】+J1（-X）键，机器人将沿 UESR 坐标系的 X 轴负方向进行直线运动；同时按【SHIFT】+J4（$+\widehat{X}$）键，机器人将以当前 TCP 为参考点，以 X 轴为轴正方向旋转；同时按【SHIFT】+J4（$-\widehat{X}$）键，机器人将以当前 TCP 为参考点，以 X 轴为轴负方向旋转，正负方向的规定符合笛卡儿法则。

实操一　机器人的点动示教

1. 实训目的

（1）熟悉 FANUC 机器人的操作面板。

（2）熟悉 FANUC 机器人的 TP 菜单和操作方法。

（3）熟悉 FANUC 机器人的 WORLD、JGFRM、TOOL、UESR、JOINT 坐标系。

（4）掌握速度倍率调整方法及坐标系的切换操作。

（5）掌握点动机器人的相关技巧。

（6）了解不同坐标系下点动时，机器人运动的特点与区别。

2. 操作设备

FANUC 机器人 1 台，本体型号：________________。

控制柜型号：______________。

3. 操作步骤

（1）通电开机，将控制柜断路器置于 ON 位置。

（2）操控倍率键 -% +%，熟悉倍率键的使用。

①按 +% 键，将速度倍率递增至 100%，观察不同倍率下机器人速度的变化。

②按 -% 键，将速度倍率递减至 VFINE，观察速度变化过程。

③按【SHIFT】+ +% 键，将速度倍率递增至 100%，观察机器人速度的变化。

④按【SHIFT】+ -% 键，将速度倍率递减至 VFINE，观察速度变化过程。

（3）将模式选择开关置于 T1 挡。

（4）将 TP 有效开关置于 ON 挡。

（5）如果 TP 屏幕上方显示“SROV-003 switch released”报警，按住 DEADMAN 开关，再按【RESET】键可消除报警，注意在操作机器人的过程中不要松开 DEADMAN 开关。

（6）熟悉关节坐标系（JOINT）下机器人的点动。

①按下【COORD】键，使示教器坐标为 JOINT。

②确认机器人当前的位置数据是否与以下数据一致，如果不一致，点动机器人调整到一致。

J1=0.000	J2=0.000	J3=0000
J4=0.000	J5=−90.000	J6=0.000

③按住【DEADMAN】+【SHIFT】键，再按运动键【+X】，观察机器人的姿态变化和 J1 至 J6 的数据变化；确认机器人的运动方向，并记录。

④按住【DEADMAN】+【SHIFT】键，再按运动键【−X】，观察机器人的姿态变化和 J1 至 J6 的数据变化；确认机器人的运动方向，并记录。

⑤按照以上操作，通过各轴运动键分别对 J2、J3、J4、J5、J6 进行操作，观察机器人的姿态变

化,J1 至 J6 的数据变化,确认机器人的运动方向,并记录。

(7)熟悉世界坐标系(WORLD)或手动坐标系(JGFRM)下机器人的点动。

①按下【COORD】键,使示教器坐标为 WORLD 或 JGFRM。

②按下【POSN】→【WORLD】→ F4,显示机器人的执行点在世界坐标系下的位置数据。

③保持按住【DEADMAN】+【SHIFT】键,再按【+X】,观察屏幕内数据及机器人的姿态变化。

④保持按住【DEADMAN】+【SHIFT】键,再按【-X】,观察屏幕内数据及机器人的姿态变化。

⑤重复以上操作,按不同的运动键,观察屏幕内数据及机器人的姿态变化。

(8)熟悉工具坐标系下机器人的点动。

①按下【COORD】键,使示教器坐标为 TOOL。

②保持按住【DEADMAN】+【SHIFT】键,再分别按各运动键,观察机器人的动作。

③按下【COORD】键,切换成 JOINT 坐标,把机器人调整到 J5=-90.000,其他轴位置为 0.000。

④按下【COORD】键,再切换回 TOOL 坐标。

⑤按住【DEADMAN】+【SHIFT】键,再分别按各运动键,观察机器人的动作。

(9)反复操作步骤(6 至 8),熟悉 JOINT、WORLD/JGFRM、TOOL 坐标系下点动的特点。

(10)点动机器人将位置恢复至 HOME 位置。

(11)按【FCTN】+【NEXT】键,选择“CYCLE POWER”项,观察设备的重启过程。如果 TP 有效开关置于 OFF 挡,选择“CYCLE POWER”项,设备是否会自动重启?

(12)将 TP 有效开关置于 OFF 挡,模式选择开关置于 AUTO 挡。

注:此时松开 DEADMAN 开关,将 SRVO-003 消除后,将不会再发生报警。

(13)按下 TP 紧急按钮,观察发生的报警内容,并做记录。顺时针旋转 TP 急停按钮,再按【RESET】键消除该报警。报警内容:____________________。

(14)按下控制柜紧急停止按钮,观察发生的报警内容,并做记录。顺时针旋转急停按钮,再按【RESET】键消除该报警。报警内容:____________________。

(15)手动操作完成后,将机器人前臂移动至水平位置,机器人成“┏”状态(安全点)关机、断电,整理工作区域后离开。

工业史记

我与机器人的爱一生不停——蔡鹤皋

蔡鹤皋,中国工程院院士,机器人及机电一体化技术专家,哈尔滨工业大学机电控制及自动化系教授。20 世纪 80 年代,蔡鹤皋被航天部任命为焊接机器人总设计师,主持了机器人本体及计算机控制系统的研究,并成功研制出我国第一台弧焊机器人和第一台点焊机器人,被称为“中国焊接机器人之父”。此后,我国对智能机器人研究给予了更多的关注。蔡鹤皋认为,机器人的应用领域是无限制的。随着机器人技术的发展,我国在工业、医学、林业、矿业、农业等领域也逐渐开始使用机器人，且应用前景广阔。

蔡鹤皋想做中国自己的机器人的愿望很强烈，但那时社会上有种普遍的论调：中国人力资源如此丰富，甚至有那么多人失业，哪里需要什么机器人？但蔡鹤皋不这么想。他认为，随着中国科学技术的发展，机器人技术的跟进刻不容缓，这是实际需求，也是战略需要。他对自己说："一定要研制弧焊机器人，代替手工焊接，解决生产急需。即便顶着很大的压力也要做。"蔡鹤皋去航天部做汇报，提出研制工业机器人的建议。"我已经拥有自主研发机器人的能力了。"这句简单朴实又掷地有声的话，预示着中国的机器人研究将有里程碑式的发展。

思考与练习

1. 填空题

（1）作业人员分为________、________、________三类。

（2）机器人的急停设备有________、________。

（3）工业机器人控制柜支持________、________、________模式选择开关。

（4）能够实现坐标系切换的按钮是________。

（5）点动模式下运动速度不超过________。

2. 选择题

（1）以下项目不符合安全操作规范的是（　　）。

A. 不需要操作工业机器人时，应断开机器人控制装置电源，或者在按下急停按钮的状态下进行作业

B. 应在安全栅栏外操作工业机器人

C. 对于小型工业机器人，无须设置安全栅栏

D. 应在操作人员伸手可及之处设置急停按钮

（2）在手动模式中，机器人运行速度被限制在 250 mm/s 的模式是（　　）。

A. T1　　B. T2　　C. T3　　D. Auto

（3）FANUC 工业机器人在以下哪些地方安装有急停按钮（　　）。

A. 示教器和控制柜　　B. 控制柜和机器人本体

C. 示教器和机器人本体　　D. 控制柜和法兰盘

（4）按下【RESET】按键后报警信息依旧没有消除，不是下列哪种原因造成的（　　）。

A. 示教器开关处于 OFF 状态　　B. 示教器急停开关有效

C.【DEADMAN】按键处于第二挡　　D.【DEADMAN】按键未按下

（5）示教器上红色指示灯点亮是因为（　　）。

A. 表示正常通电　　B. 系统存在错误

C. 机器人处于停止状态　　D. 示教器处于 OFF 状态

（6）查看工业机器人当前位置信息的按键是（　　）。

A. COORD　　B. RESET　　C. POSN　　D. STEP

（7）机器人示教器的作用不包括（　　）。

A. 移动机器人与生产运行　　B. 机器人仿真
C. 查看机器人信息　　D. 编写机器人程序

(8)FANUC 工业机器人示教器显示程序数据界面的按键为(　　)。
A. EDIT　　B. DATA　　C. FCTN　　D. HOLD

(9)点动示教时以低倍率方式运行的目的是(　　)。
A. 出现意外时可以快速停止机器人　　B. 确保机器人的灵活性
C. 避免机器人高负荷工作　　D. 便于对机器程序进行修改

(10)机器人在以下哪种模式下使能器无效(　　)。
A. 自动模式　　B. 手动模式　　C. 调试模式　　D. 编程模式

3. 判断题

(1)要在安全栅栏内进行作业,必须接受过操作工业机器人的专业培训。(　　)
(2)可以穿凉鞋、拖鞋和裙装进入操作区域。(　　)
(3)工业机器人处于自动运行状态时,工作人员可以进入工作区域。(　　)
(4)要操作示教器,有效开关必须在 ON 挡。(　　)
(5)示教器背面的两个安全开关分别在点动机器人和编辑程序时使用。(　　)
(6)只要示教器有效,【DEADMAN】开关必须处于长按状态。(　　)
(7)在世界坐标系下,点动操作工业机器人可以实现机器人多个关节的联动。(　　)
(8)按下【COORD】按键可切换坐标系。(　　)
(9)操作工业机器人的示教器和操作面板时必须佩戴手套。(　　)
(10)【RESET】按键可清除所有报警信息。(　　)

4. 简答题

(1)示教器由哪几个部分组成?
(2)说明 Mate 控制柜上模式开关的作用。
(3)在进入工业机器人工作区域之前有哪些注意事项?
(4)调查当前工业机器人行业的发展情况,尤其是国产工业机器人的发展情况。

项目三　发那科工业机器人坐标系设置

思政导入

关于坐标系的定义，有数学和物理学两种解释。在数学上，坐标系是使某个数学对象的集合中的元素对应于数量的结构，它是用以确定数或数组与基本几何对象（通常是点）之间对应关系的参考系，最早用于数与形的结合，后来发展为一种数学结构。在物理上，把为了确定描述物体（或坐标系）的位置和运动，根据问题需要而任意选择的独立变数，其组合结构称为“坐标系”。在公元前4世纪，我国战国时代天文学家石申曾利用坐标方法绘制出恒星方位表。石氏星表是世界最古老的星表，比欧洲的阿里斯拉鲁斯与铁木查理斯还早60余年，在世界天文史上占有一席特殊的地位。正因为石申对天文学的研究做出了杰出的贡献，所以他的名字登上了月宫。

工业机器人中的坐标系是为了确定机器人的位置和姿态，而在机器人或空间上进行的位置指标系统。在实际工作中，机器人的末端执行器因工作种类的不同而不同，有长短不同、末端执行器指向不同等，这就给机器人的工作定位带来了难度。如果能把每个工具的中心点提前告诉机器人，在换末端执行器时直接调用相应数据，就可大大提高工作的快捷性。加工对象相对于机器人的位置坐标虽然无法准确定位，但由于机器人固定在工作台上，因此如果能定位工作对象相对于工作台的位置，也会提高工作的便捷性，坐标系在其中起到了关键作用。

党的二十大报告指出：“坚持把发展经济的着力点放在实体经济上，推进新型工业化，加快建设制造强国、质量强国、航天强国、交通强国、网络强国、数字中国。”国家先后出台《“十四五”智能制造发展规划》《“十四五”机器人产业发展规划》等一系列相关规划，将机器人产业作为战略性新兴产业给予重点支持。

知识目标

1. 了解FANUC机器人中的坐标系。
2. 了解工具坐标系的创建。
3. 了解用户坐标系的创建。

技能目标

1. 能够理解什么是工具坐标系和用户坐标系。
2. 能熟练建立工业机器人的工具坐标系和用户坐标系。

任务一　认识发那科机器人中的坐标系

机器人的机构可以看成一个由一系列关节连接起来的连杆在空间组成的多刚体系统,因此也属于空间几何学问题。在对机器人的位姿进行分析时,首先要建立机器人的位姿与运动的数学描述,采用坐标系来描述机器人的位姿状态。因此,本节首先介绍常用坐标系,然后介绍机器人坐标系的内容。

3.1.1　坐标系

微课:坐标系的分类

1. 直角坐标系

在平面内画两条互相垂直,并且有公共原点的数轴,其中横轴为 X 轴,纵轴为 Y 轴,这样就在平面上建立了平面直角坐标系,简称直角坐标系。坐标系所在平面称为坐标平面,两坐标轴的公共原点称为直角坐标系的原点。建立平面直角坐标系后,平面被坐标轴分成四个象限,右上角的为第一象限,其他三个象限按逆时针方向依次称为第二象限、第三象限和第四象限。象限以数轴为界,横轴、纵轴上的点不属于任何象限。在平面直角坐标系中可以依据点坐标画出反比例函数、正比例函数、一次函数、二次函数等的图像。

直角坐标系的创建,给代数和几何架起了一座桥梁,它使几何概念可以用数来表示,几何图形也可以用代数形式来表示。由此,笛卡儿在创立直角坐标系的基础上,创造了用代数的方法来研究几何图形的数学分支——解析几何, 他大胆设想:如果把几何图形看成动点的运动轨迹,就可以把几何图形看成由具有某种共同特征的点组成的。例如,我们可以把圆看作动点到定点距离相等的点的轨迹,如果再把点看作组成几何图形的基本元素,把数看作组成方程的解,那么代数和几何就这样合为一体了。

在平面上建立直角坐标系后,可用点到两条互相垂直的坐标轴的距离来确定点的位置,即平面内的点 P 与二维有序数组 (a,b) 一一对应。在空间建立三维直角坐标系后,可用点到三个互相垂直的坐标平面的距离来确定点的位置,即空间的点 P 与三维有序数组 (a,b,c) 一一对应。如图 3-1 所示,取三条相互垂直的具有一定方向和度量单位的直线,称为三维直角坐标系 $\mathbf{R}^3$ 或空间直角坐标系 $Oxyz$(也称右手坐标系,如图 3-2 所示)。利用三维直角坐标系可以把空间的点 P 与三维有序数组 (a,b,c) 建立起一一对应的关系。

2. 柱面坐标系

柱面坐标系是一组数据,如图 3-3 所示,设 $M(x, y, z)$ 为空间内的一点,并设点 M 在 xOy 面上的投影 P 的极坐标为 (r,θ),则三个数 r、θ、z 就为点 M 的柱面坐标。

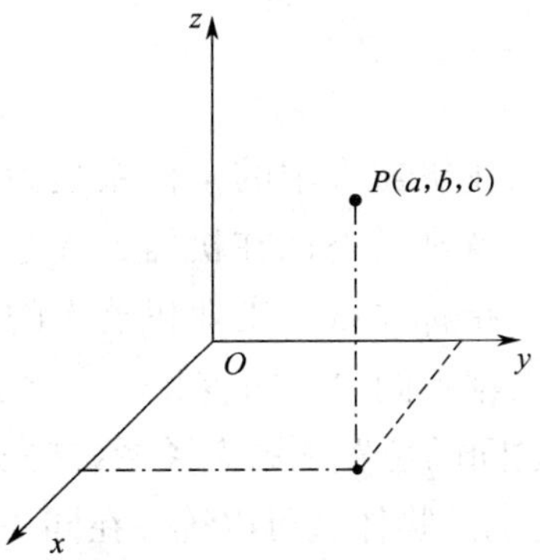

图 3-1　空间直角坐标系

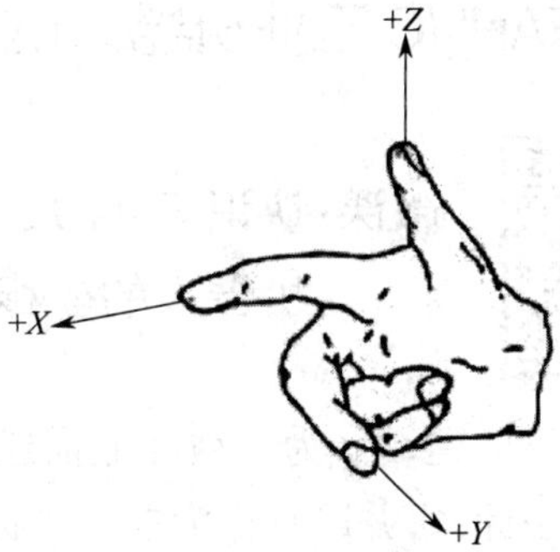

图 3-2　右手坐标系

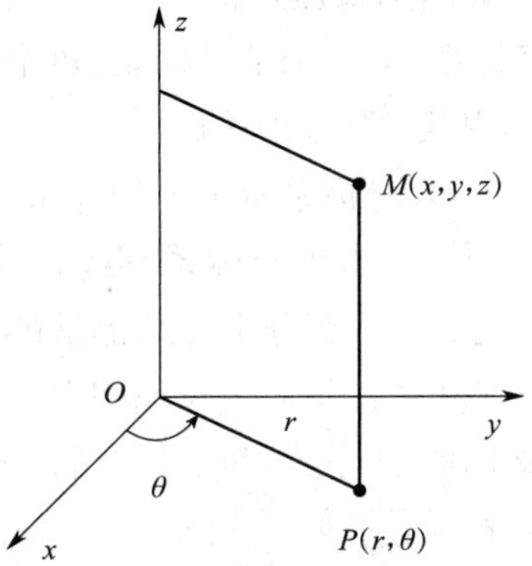

图 3-3　柱面坐标系

3. 球面坐标系

球面坐标系是表示三维空间中某一点的另一种方式，它也需用三个数值，其中两个是角度，另一个是距离。想象一条来自原点的射线（线段），它的两个角度可以决定该射线的方向。如图 3-4 所示，假设点 M 为空间内的一点，则点 M 也可以用三个有次序的数 (r,θ,φ) 来确定，其中 r 为原点 O 与点 M 间的距离；θ 为有向线段 OM 与 z 轴正向的夹角；φ 为从 z 轴正向来看，自 x 轴按逆时针方向旋转到 ON 所转过的角，这里点 N 为点 M 在 xOy 平面上的投影，这三个数 r,θ,φ 称为点 M 的球面坐标。

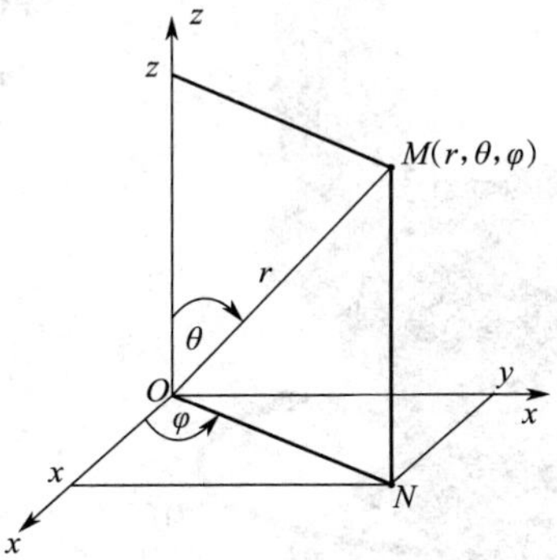

图 3-4　球面坐标系

3.1.2 FANUC 工业机器人的坐标系

微课：认识 FANUC 机器人的坐标系

工业机器人中的坐标系是为确定机器人的位置和姿态而在机器人或空间上定义的位置指标系统。工业机器人的运动实质上是根据不同作业内容和轨迹的要求，在各种坐标系下的运动。为了精确地描述各个连杆或物体之间的位置和姿态关系，首先要定义一个固定的坐标系，并以它作为参考坐标系，所有静止或运动的物体就可以统一在同一个参考坐标系中进行比较，该坐标系通常被称为世界坐标系，也称为全局坐标系、大地坐标系。基于此共同的坐标系描述机器人自身及其周围物体是机器人在三维空间中工作的基础。通常，对每个物体或连杆都定义一个本体坐标系，又称局部坐标系，每个物体与附着在该物体上的本体坐标系是相对静止的，即其相对位置和姿态是固定的。

FANUC 工业机器人常用的机器人坐标系有关节坐标系、世界坐标系、点动坐标系、工具坐标系、用户坐标系和单元坐标系。其中，世界坐标系、点动坐标系、工具坐标系、用户坐标系和单元坐标系均属于直角坐标系。机器人大部分坐标系都是笛卡儿直角坐标系，符合右手规则。

笛卡儿坐标系中机器人的位置和姿态是通过从空间上的笛卡儿坐标系原点到刀具侧的笛卡儿坐标系原点（即刀尖点）的坐标值 x，y，z 和空间上的笛卡儿坐标系相对 X 轴、Y 轴、Z 轴周围刀具侧的笛卡儿坐标系旋转角 w，p，r 来定义的。

1. 关节坐标系

关节坐标系是设定在机器人关节中的坐标系，其原点设置在机器人关节中心点处。如图 3-5 所示，关节坐标系的关节值处在所有轴都为 0° 的状态，6 轴工业机器人定义了 6 个关节坐标，分别为 J1 至 J6。在关节坐标系下，工业机器人的各轴均可实现单独正向或反向运动。当大范围运动，且不要求 TCP（工具中心点）姿态时，可选择关节坐标系。

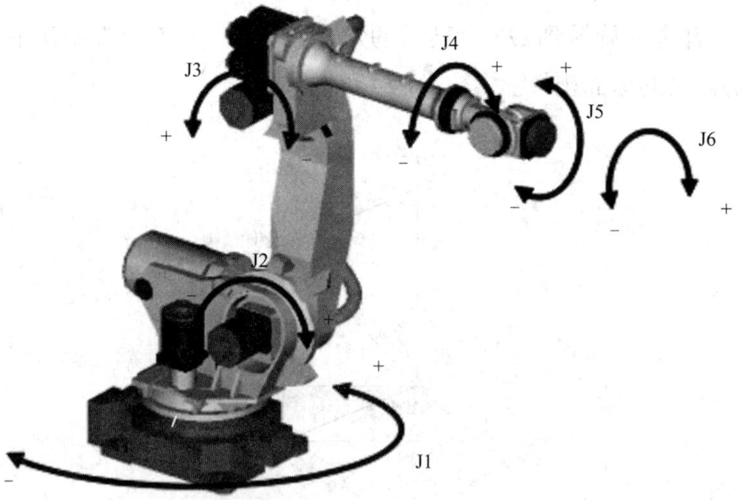

图 3-5 关节坐标系

2. 世界坐标系

世界坐标系(也称全局坐标系)是被固定在空间上的标准笛卡儿坐标系。在FANUC机器人中,世界坐标系被赋予了特定含义,即机器人基坐标系,其是被固定在空间上的标准直角坐标系,其被固定在由机器人事先确定的位置。用户坐标系、工具坐标系是基于该坐标系而设定的。世界坐标系用于位置数据的示教和执行。

FANUC机器人的世界坐标系固定在由机器人事先确定的位置,原点位置定义在J2轴所处水平面与J1轴交点处,*Z*轴向上,*X*轴向前,*Y*轴按右手规则确定,如图3-6所示。用户坐标系、点动坐标系是基于该坐标系而设置的。

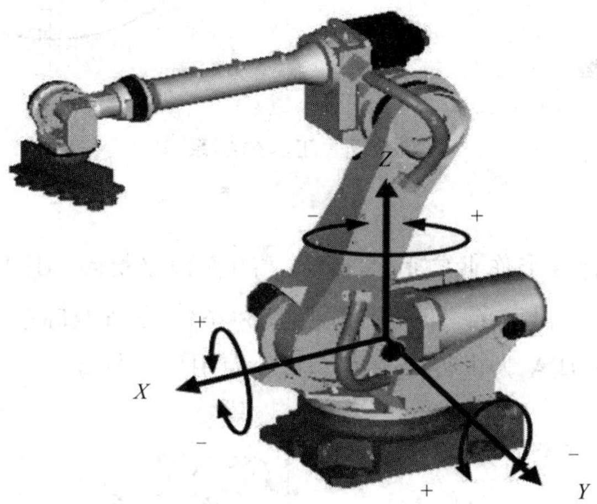

图3-6　世界坐标系

3. 点动坐标系

点动坐标系是在作业区域中为有效地进行笛卡儿点动而由用户在作业空间进行定义的笛卡儿坐标系。只有在作为手动进给坐标系而选择了点动坐标系时才使用该坐标系。因此,点动坐标系的原点没有特殊的含义,未定义时,由世界坐标系替代该坐标系。

使用点动坐标系是为了在示教过程中避免其他坐标系参数改变时发生误操作,尤其适用于机器人倾斜安装或者用户坐标系数量较多的场合。

4. 机械接口坐标系

机械接口坐标系是在机器人的机械接口(机械手腕法兰盘面)中定义的标准笛卡儿坐标系,该坐标系被固定在机器人事先确定的位置。工具坐标系是基于该坐标系而设置的。

5. 工具坐标系

工具坐标系是用来定义工具中心点的位置和工具姿态的坐标系。而工具中心点(TCP,也称刀尖点)是机器人系统的控制点,出厂时默认于最后一个运动轴或连接法兰的中心。安装工具后,TCP将发生变化,变为工具末端的中心。在工具坐标系中,TCP将沿工具坐标系的*X*、*Y*、*Z*轴方向做直线运动。

为实现精确运动控制,对工具坐标系必须进行设置,才可以使用,未定义时,工具坐标系默认在连接法兰中心处,由机械接口坐标系替代工具坐标系,如图3-7所示。

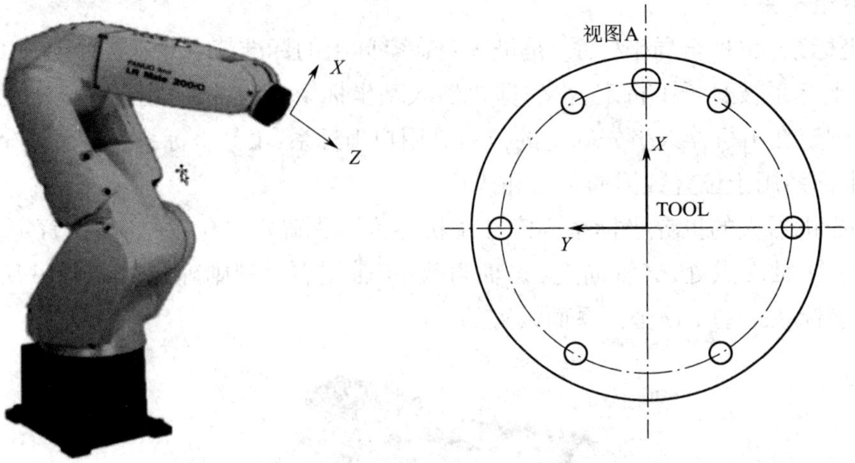

图 3-7　工具坐标系

6. 用户坐标系

用户坐标系是用户对每个作业空间进行定义的直角坐标系,用于位置寄存器的示教和执行、位置补偿指令的执行等。未定义时,由世界坐标系代替该坐标系,用户坐标系与世界坐标系重合,如图 3-8 所示,其中 A 为世界坐标系,B、C 为用户坐标系。

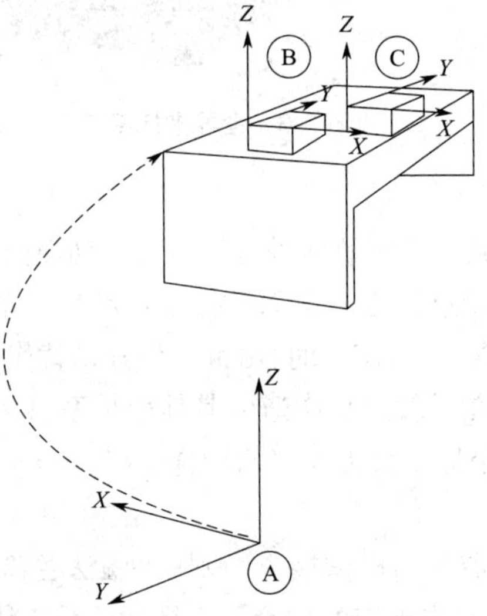

图 3-8　用户坐标系

用户坐标系使用便捷,当机器人运行轨迹相同、工件位置不同时,只需要更新用户坐标系即可,无须重新编程。

通常,在建立项目时,至少需要建立两个坐标系,即工具坐标系和用户坐标系。其中,前者便于操作人员进行调试工作,后者便于机器人记录工件的位置信息。

7. 单元坐标系

单元坐标系在 4D 图形功能中使用,用来表示工作单元内的机器人位置。通过设定单元坐标系，可表达机器人相互之间的位置关系。

任务二　工具坐标系

3.2.1　设置工具坐标系

工具坐标系是表示工具中心点或刀尖点和工具姿态的笛卡儿坐标系。工具坐标系通常以TCP为原点，将刀具方向取为*Z*轴。未定义工具坐标系时，由机械接口坐标系替代。

工具坐标系由工具中心点（TCP）的位置（x, y, z）和工具的姿态（w, p, r）构成。TCP位置是通过相对机械接口坐标系的工具中心点的坐标x、y、z来定义的。工具的姿态通过围绕机械接口坐标系的*X*轴、*Y*轴、*Z*轴旋转的旋转角w、p、r来定义。

TCP用来对位置数据进行示教。在该点工作时，工具往往要以不同的姿态进行工作，所以要进行刀具姿态控制，即这时需要使用刀具姿态。

如上所述，将法兰盘中心定义为工具坐标系的原点，法兰盘中心指向法兰盘定位孔方向定义为+*X*方向，垂直法兰向外为+*Z*方向，最后根据右手法则即可判定+*Y*方向，这个坐标系为默认的工具坐标系（机械接口坐标系）。新的工具坐标系都是相对默认的工具坐标系变化得到的。工具坐标系需要在编程前进行定义。如果未定义工具坐标系，则由机械接口坐标系替代工具坐标系。图3-9所示为机械接口坐标系和工具坐标系的关系，工具坐标系是由机械接口坐标系经向前平移，再以*X*轴为轴旋转180°，以*Y*轴为轴旋转90°得到的。

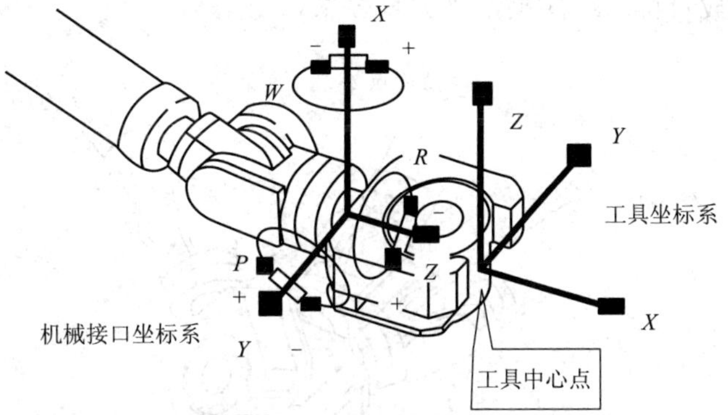

图3-9　机械接口坐标系与工具坐标系的关系

工具坐标系的设置有两条途径：一是在坐标系设置画面上进行定义；二是通过改写如下系统变量来定义。可定义10个工具坐标系，并根据实际使用情况进行切换。

在$MNUTOOL[group, i]（坐标系编号i=1~10）中设置。

在$MNUTOOLNUM[group]中设置将要使用的工具坐标系编号。

可以用以下方法，将工具坐标系编号最多增加到29个：控制启动→按下【MENU】菜单→选择“4 系统变量”→$SCR-$MAXNUMUTOOL的值写为需要的值（最大为29）→执行冷启动。

通常所说的机器人轨迹及速度，其实就是指 TCP 的轨迹和速度。TCP 一般设置在手爪中心、焊丝端部、点焊静臂前端等。

建立工具坐标系能为工作带来方便：确定 TCP，方便调整工具姿态；确定工具进给方向，方便工具位置调整。

工具坐标系具有以下特点：新的工具坐标系是相对于默认的工具坐标系变化得到的，新的工具坐标系的位置和方向始终同法兰盘保持绝对固定的位置和固定的姿态关系，但在空间上是一直变化的。用户可以自己设置工具坐标系，通过坐标系设置画面进行设置的方法有四种：三点法、六点法、直接输入法和 2 点 $+Z$ 值示教法。

3.2.2 工具坐标系设置方法

1. 三点法

微课：工具坐标系的设定

所谓三点法设置，就是给定 TCP 三个不同姿态的位置信息，机器人通过系统的变换和计算，形成新的 TCP 和默认工具坐标系的固定关系，主要用于工具坐标系的平移。

设置工具中心点，即工具坐标系的 x、y、z，需进行示教。如图 3-10 所示，使参考点 1、2、3 以不同的姿态指向 1 点，由此机器人自动计算 TCP 的位置。要使设置正确，必须尽量使三个趋近方向各不相同。在三点法示教中，只可设置工具中心点 (x, y, z)，工具姿态 (w, p, r) 输入标准值 (0,0,0)。即三点法只是平稳了整个工具坐标系，并不改变其方向。如要改变姿态，可在设置完后，以六点法或直接示教法来定义刀具姿态。

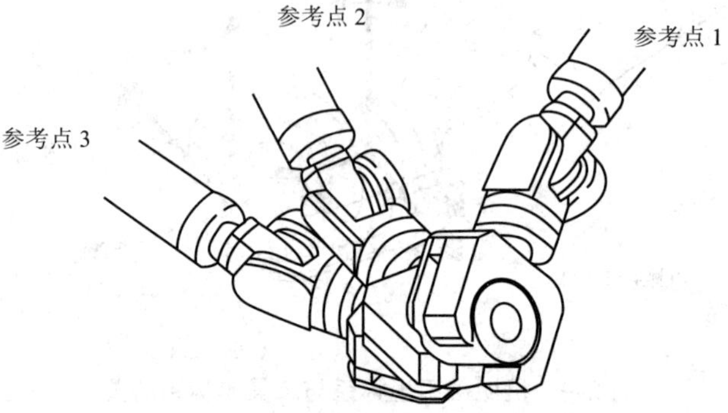

图 3-10 通过三点示教法自动设定 TCP

2. 六点法

六点法与三点法一样设定工具中心点，然后设定刀具姿态 (w, p, r)，再进行示教，使 w, p, r 成为空间上的任意一点，平行于刀具 X 轴方向的一点，XZ 平面上的一点，如图 3-11 所示。

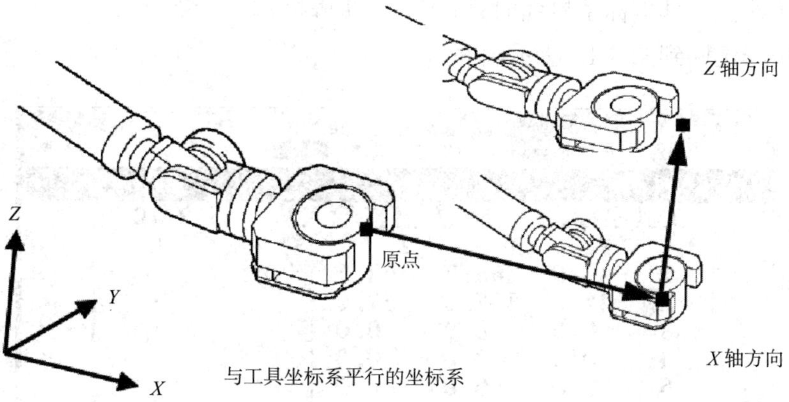

图 3-11　六点法设置计算 w, p, r 值三点取法

3. 直接输入法

直接输入法就是直接输入所需工具坐标系 TCP 相对于默认工具坐标系原点的 x、y、z 值和所需工具坐标系方向相对于默认工具坐标系方向的回转角 w、p、r 值。图 3-12 所示为直接输入法中 w、p、r 的含义。

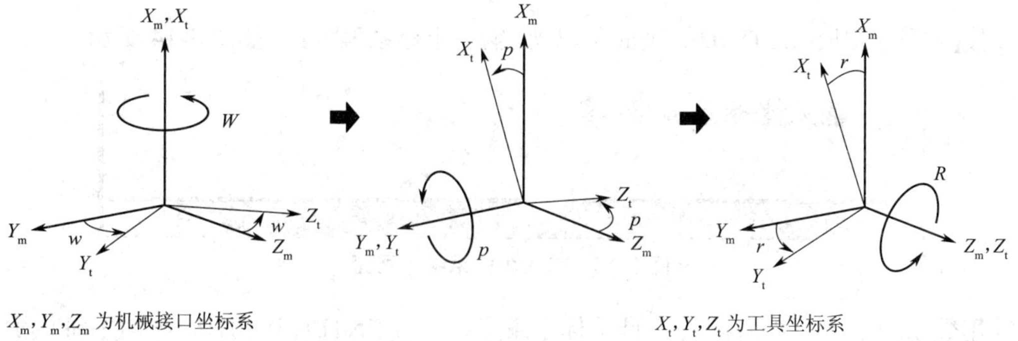

图 3-12　直接输入法中的 w, p, r 的含义

4. 2 点 +Z 值示教法

2 点 +Z 值示教法可以设定无法相对于世界坐标系的 XY 平面使工具倾斜的机器人（主要是 4 轴机器人）的工具中心点。对于某个已被固定的点，在不同的姿态下以指向该点的方式示教接近点 1、2。由该两个接近点计算并设定工具坐标系的 X 和 Y 值。工具坐标系的 Z 值通过规尺等计测并直接输入。同时，直接输入工具姿态 (w, p, r) 的值。（法兰盘面的朝向与工具姿态相同时，全都设定为 0）

3.2.3　激活工具坐标系

在用示教器操作机器人时，当改变工具时，通常要激活工具坐标系来切换坐标，激活工具坐标系的方法通常有两种。

（1）当界面处在工具坐标系界面时，可按如下步骤操作。

①按【PREV】键回到图 3-13 所示画面。

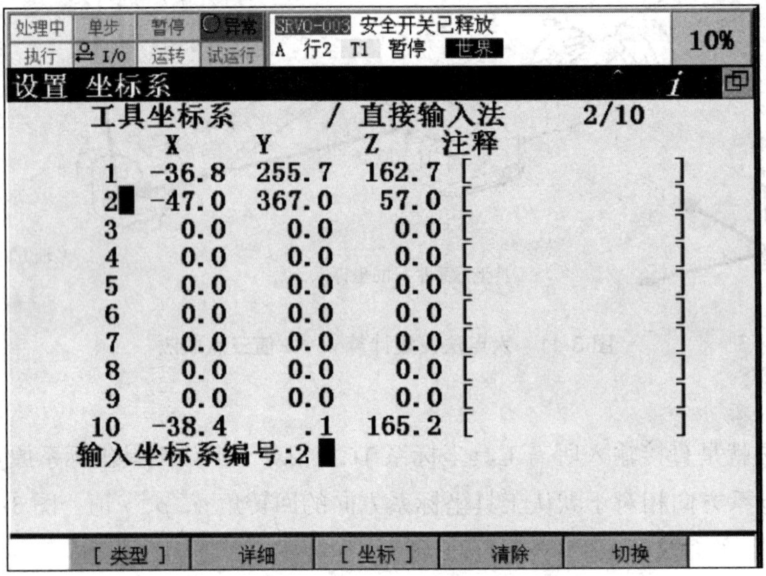

图 3-13　工具坐标系画面

②按【F5】键切换（SETIND），画面中出现“输入坐标系编号：”，如图 3-14 所示。

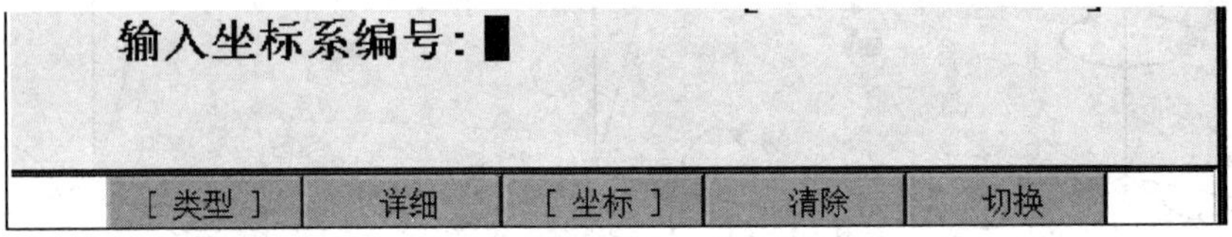

图 3-14　输入坐标系编号画面

③用数字键输入所需激活的工具坐标系编号，按下【ENTER】键确认，画面中将显示被激活的工具坐标系编号，即当前有效工具坐标系编号，如图 3-15 所示。

（2）当界面处在非用户坐标系界面时，可按如下步骤操作。

①按下【SHIFT】+【COORD】键，弹出黄色对话框，如图 3-16 所示。

②把光标移到 Tool（工具）行，用数字键输入所要激活的工具坐标系编号。

3.2.4　检验工具坐标系

当工具坐标系设置完成后，通常需要对其进行检验，以免发生错误，具体检验步骤如下。

1. 检验 *X*，*Y*，*Z* 方向

（1）将机器人的示教坐标系通过【COORD】键切换成工具坐标系，如图 3-17 所示表示当前坐标系为工具坐标系。

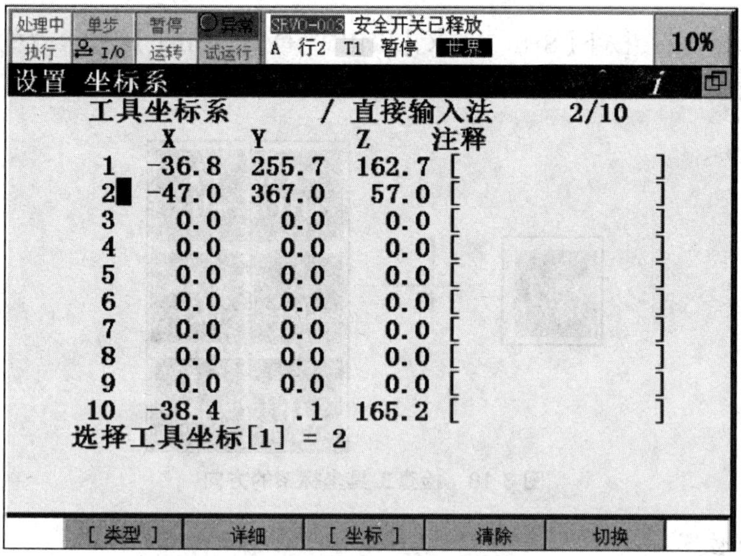

图 3-15　当前有效工具坐标系编号

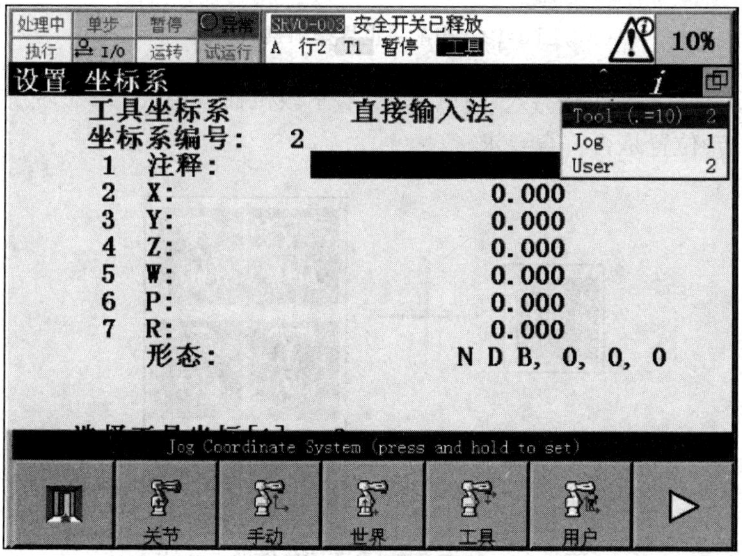

图 3-16　弹出黄色对话框

图 3-17　当前是工具坐标系的画面

（2）如图 3-18 所示，按下【SHIFT】+X，【SHIFT】+Y，【SHIFT】+Z，示教机器人分别沿 *X*，*Y*，*Z* 方向运动，检查工具坐标系的方向是否符合设定的要求。

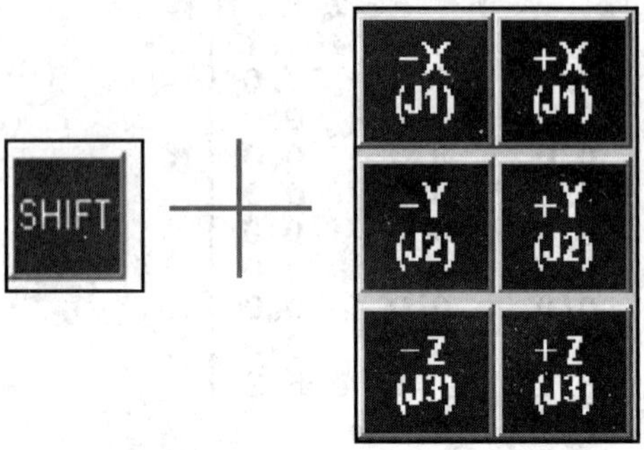

图 3-18　检查工具坐标系的方向

2. 检验 TCP 位置

（1）将机器人的示教坐标系通过【COORD】键切换成世界坐标系，如图 3-19 所示。

图 3-19　当前是世界坐标系的画面

（2）如图 3-20 所示，移动机器人，对准基准点，示教机器人绕 *X*，*Y*，*Z* 轴旋转，检查 TCP 是否围绕基准点旋转，位置是否符合要求。

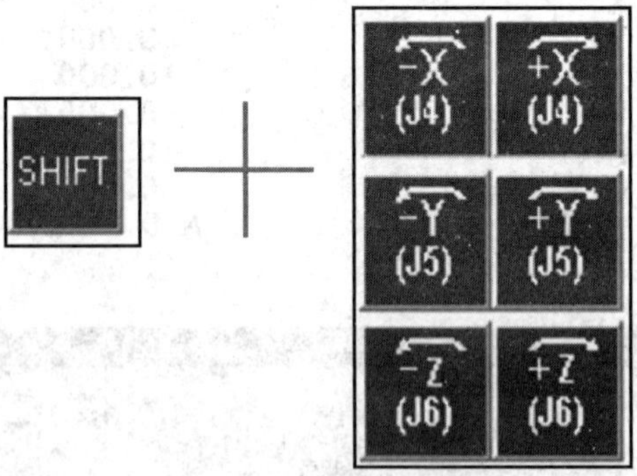

图 3-20　检查 TCP 是否围绕基准点旋转

注意：以上检验如偏差不符合要求，则重复设置步骤。

任务三　用户坐标系

3.3.1　设置用户坐标系

我们知道，用户坐标系是运动中的一个参考对象。新的用户坐标系都是基于默认的用户坐标系（世界坐标系）变化得到的。那么，用户坐标系有何作用呢？用户坐标系的作用就是用来确定参考坐标系，确定工作台上的运动方向，以方便调试。

用户坐标系是用户对每个作业空间进行定义的笛卡儿坐标系。默认的用户坐标系是 User 0 和世界坐标系的重合。用户坐标系通过相对世界坐标系的坐标原点的位置 (x, y, z)，围绕 X 轴、Y 轴、Z 轴的旋转角 (w, p, r) 来定义，如图 3-21 所示。

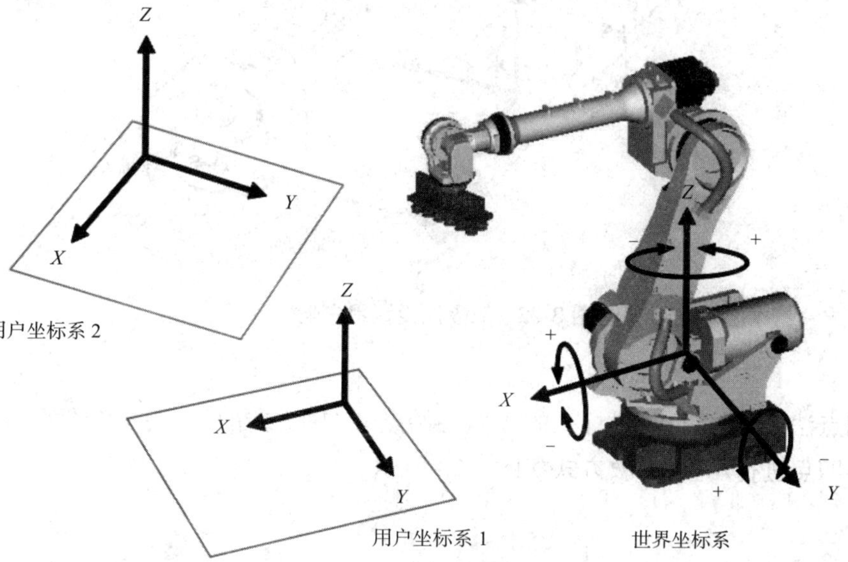

图 3-21　世界坐标系和用户坐标系

通过坐标系设置画面定义用户坐标系时，下列系统变量将被改写，可以定义 9 个用户坐标系，并根据情况进行切换。

在 $MNUFRAME[groupl, i]（坐标系号码 i=1~9）中设置。

在 $MNUFRAMENUM[groupl] 中设置要使用的用户坐标系号。

可通过以下方法将用户坐标系号最多增加到 61 个；进行冷启动，按下【MENU】键，选择“4Variales”，将系统变量 $SCR $MAX- NUMUFRAM 的值改写为希望增大的值（最多 61 个），执行冷启动。

FANUC 机器人中，用户坐标系的设置方法有三点法、四点法和直接输入法三种。

3.3.2 用户坐标系设置方法

微课:用户坐标系的设定

1. 三点法

三点法设置的是坐标系的原点,对 X 轴方向上一点和 XY 平面上一点进行示教。定义好的坐标系符合笛卡儿原则,如图 3-22 所示。

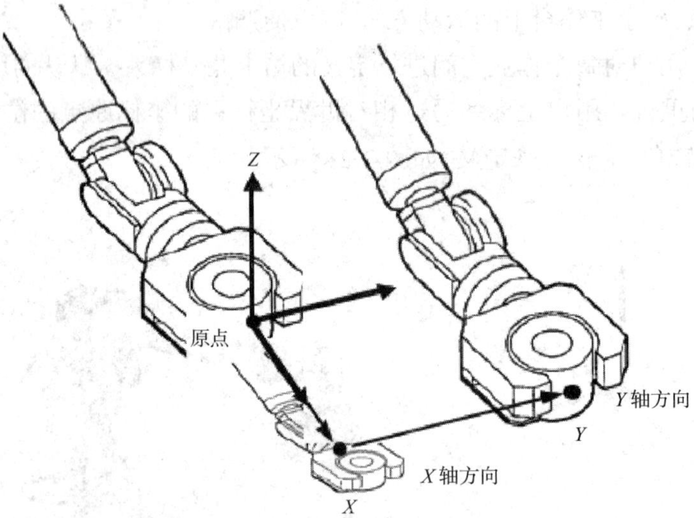

图 3-22 三点法设置用户坐标系

2. 四点法

所谓四点法,即对平行于坐标系的 X 轴的始点、X 轴方向的一点、XY 平面上的一点、坐标系的原点等四点进行示教,示教方式如图 3-23 所示。

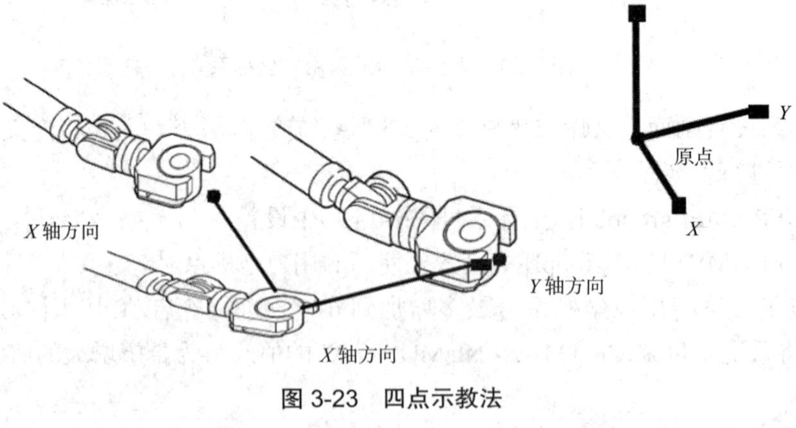

图 3-23 四点示教法

3. 直接输入法

直接输入法直接输入相对世界坐标系的用户坐标系原点的位置 x、y、z 和世界坐标系的

X轴、Y轴、Z轴周围的回转角w、p、r的值，如图 3-24 所示为直接输入法中w, p, r的含义。

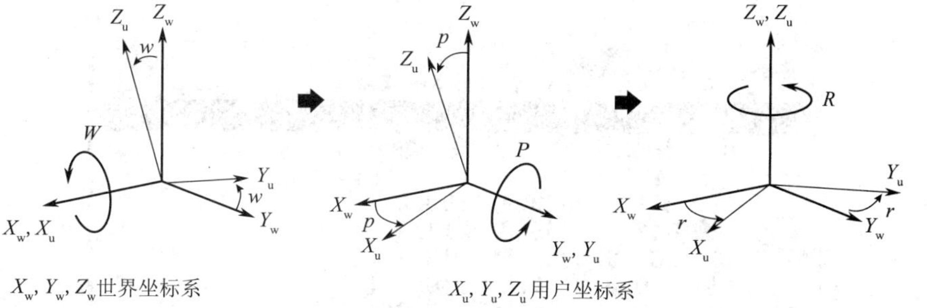

图 3-24　直接输入法中的w, p, r的含义

3.3.3　激活用户坐标系

在用示教器操作机器人时，当操作台发生变化时，通常要激活用户坐标系来切换坐标，激活用户坐标系的方法通常有两种。

（1）当界面处在用户坐标系界面时，可按如下步骤操作。

①按【PREV】键回到如图 3-25 所示画面。

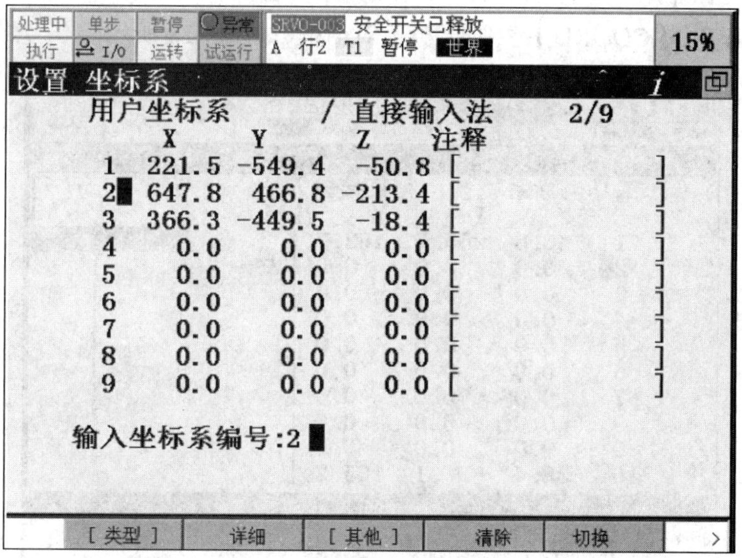

图 3-25　用户坐标系画面

②按【F5】键切换（SETIND），画面中出现“输入坐标系编号：”，如图 3-26 所示。

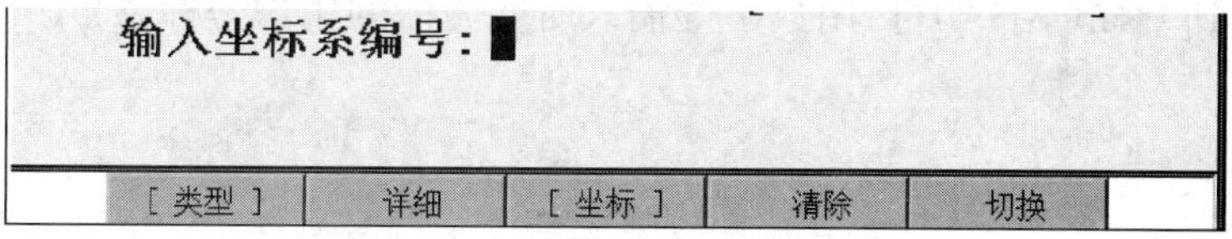

图 3-26　输入坐标系编号画面

③用数字键输入所需激活的用户坐标系号，按下【ENTER】键确认，画面中将显示被激活的用户坐标系号，即当前有效用户坐标系号，如图 3-27 所示。

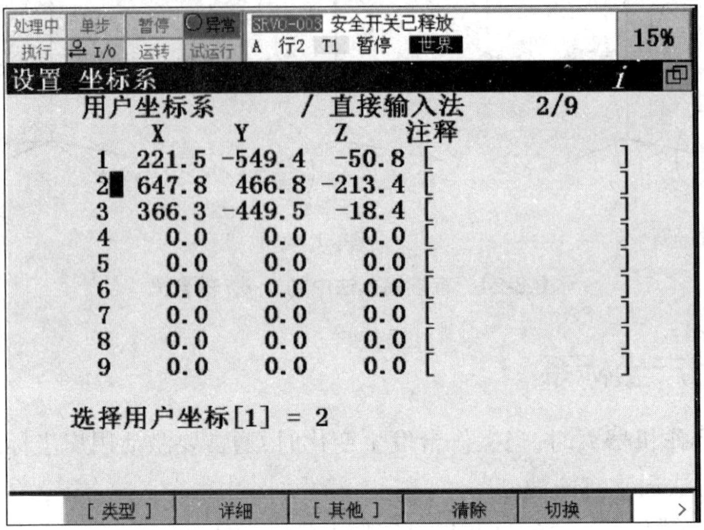

图 3-27 当前有效用户坐标系号

(2)当界面处在非用户坐标系界面时，可按如下步骤操作。

①按下【SHIFT】+【COORD】键，弹出黄色对话框，如图 3-28 所示。

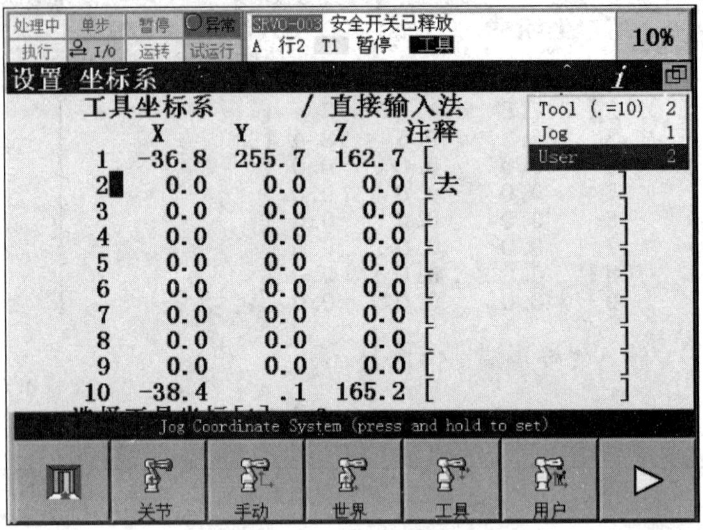

图 3-28 弹出黄色对话框

②把光标移到 User(用户)行，用数字键输入所要激活的用户坐标系号。

3.3.4 检验用户坐标系

当用户坐标系设置完成后，通常需要对其进行检验，以免发生错误，具体检验步骤如下。

（1）将机器人的示教坐标系通过【COORD】键切换成用户坐标系，如图 3-29 所示。

图 3-29　当前是用户坐标系的画面

（2）如图 3-30 所示，按【SHIFT】+X，【SHIFT】+Y，【SHIFT】+Z，示教机器人分别沿 X, Y, Z 轴方向运动，检查用户坐标系的方向设定是否有偏差，若偏差不符合要求，重复以上所有步骤重新设置。

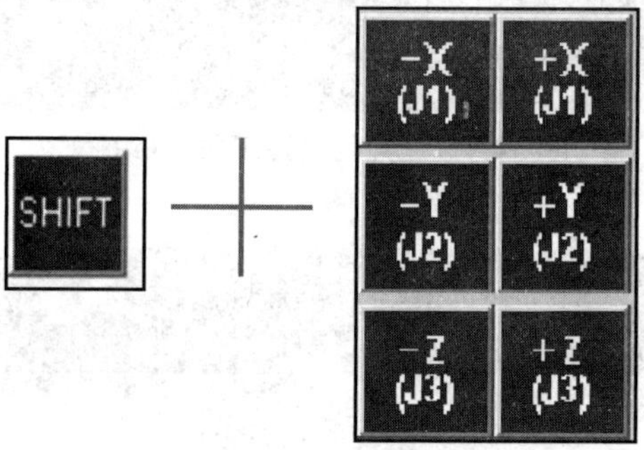

图 3-30　检查用户坐标系的方向

实操一　设置工具坐标系和用户坐标系

1. 创建工业机器人工具坐标系

创建工业机器人工具坐标系有 4 种方法，分别是三点法、六点法、直接输入法和 2 点 + Z 值示教法，下面以三点法为例介绍如何创建工业机器人的工具坐标系。

1）运用三点法创建工业机器人的工具坐标系

（1）点击示教器上的【MENU】键，找到“设置”，选择“坐标系”，然后按下示教器上的【ENTER】键，如图 3-31 所示。

（2）进入设置坐标系画面，选择坐标系，点击示教器上的【F3】键，选择“工具坐标系”，然后按下示教器上的【ENTER】键，如图 3-32 所示。

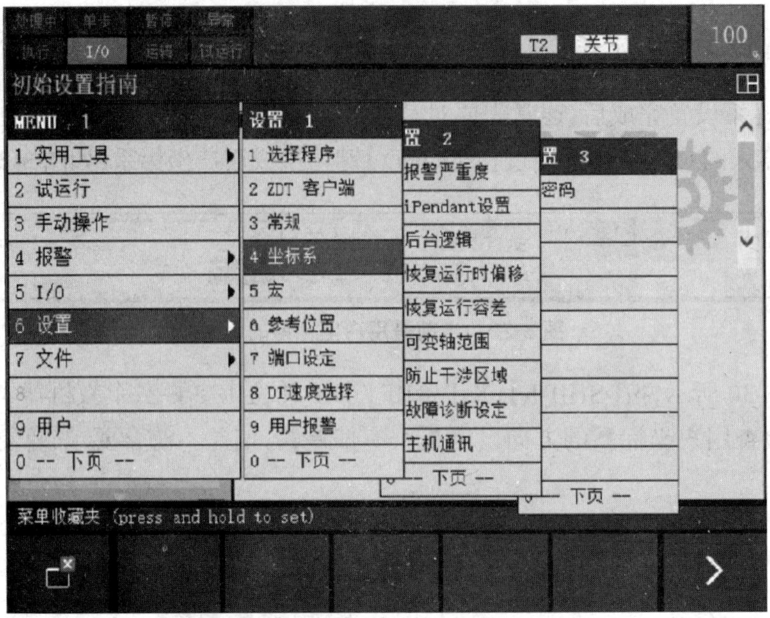

图 3-31　三点法创建工具坐标系 1

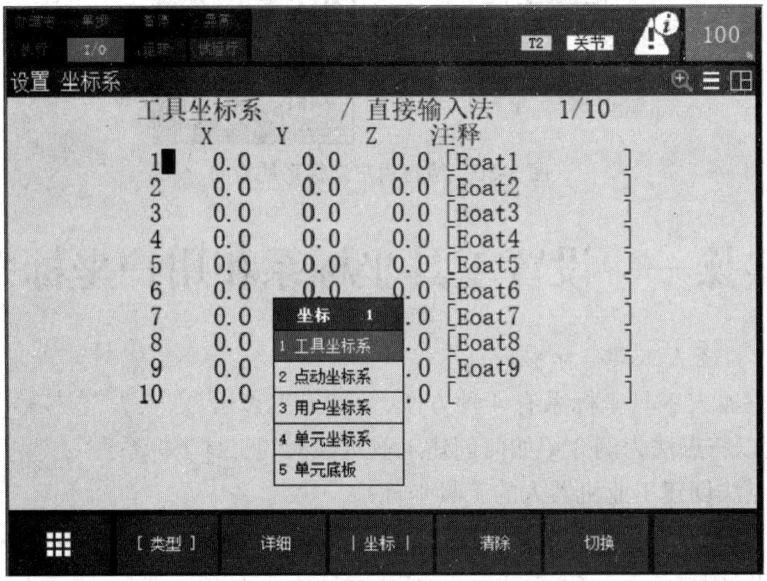

图 3-32　三点法创建工具坐标系 2

（3）进入工具坐标系画面，如图 3-33 所示。

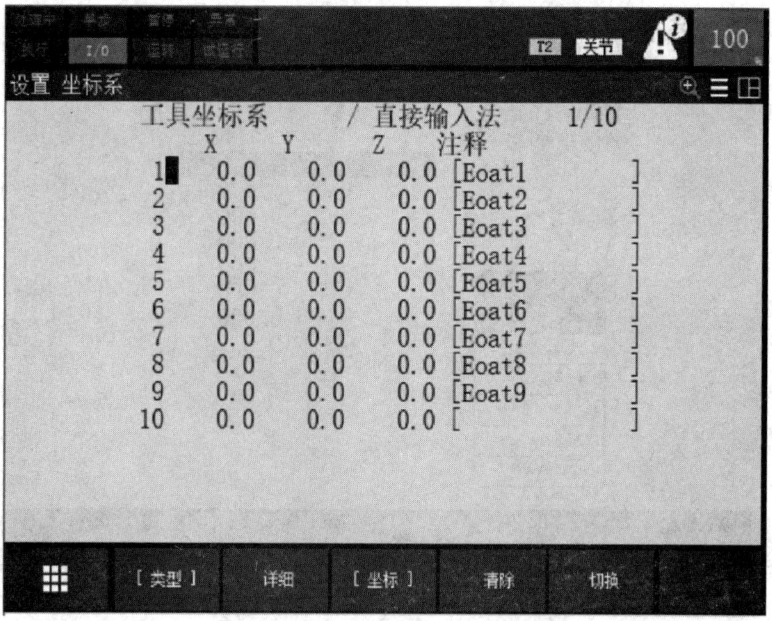

图 3-33　三点法创建工具坐标系 3

（4）可以创建 10 个工具坐标系，选择工具坐标系 1，点击示教器上的【F2】键，如图 3-34 所示。

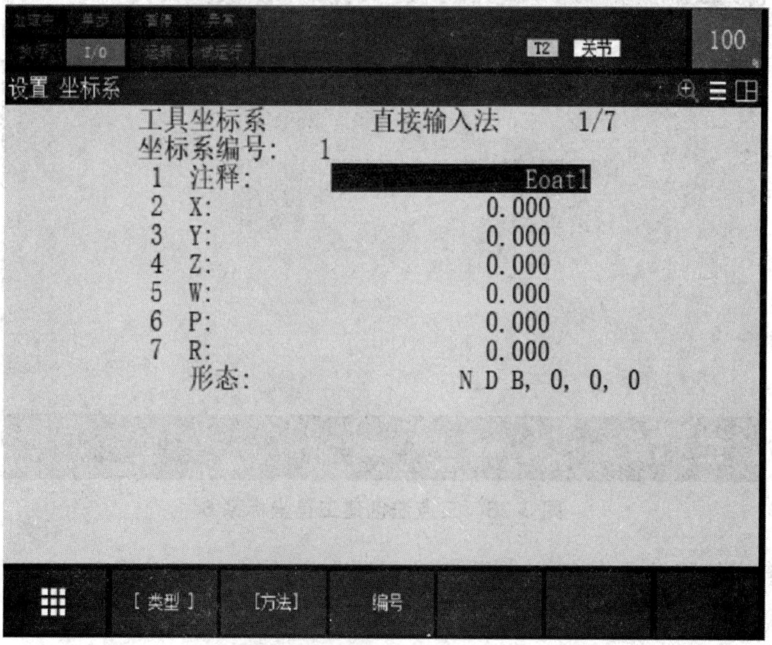

图 3-34　三点法创建工具坐标系 4

（5）点击示教器上的【F2】键，选择三点法，如图 3-35 所示。

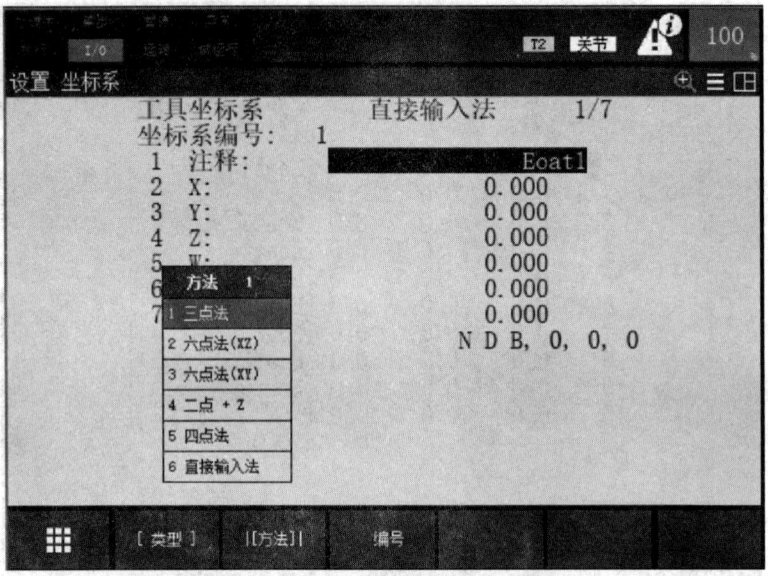

图 3-35 三点法创建工具坐标系 5

(6)进入三点法创建工具坐标系设定画面,如图 3-36 所示。

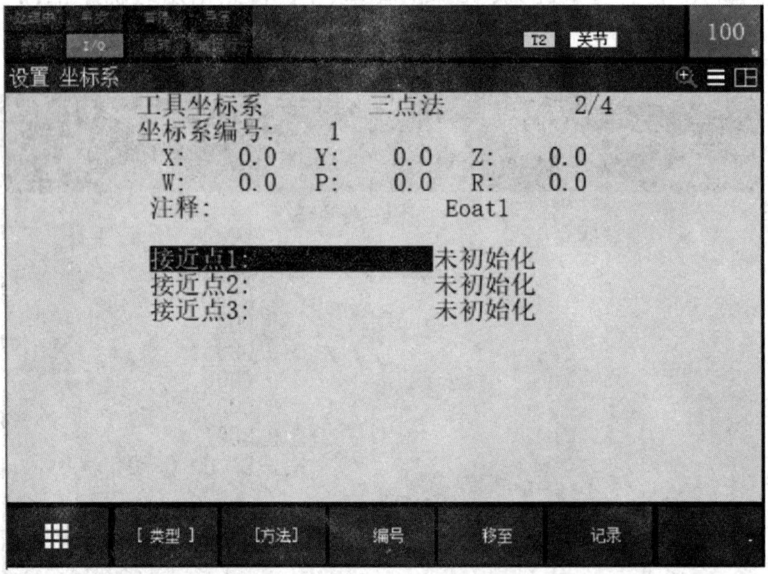

图 3-36 三点法创建工具坐标系 6

(7)选择合适的手动操作模式,操作工业机器人需要设定 TCP 的工具移动到固定点,如图 3-37 所示。

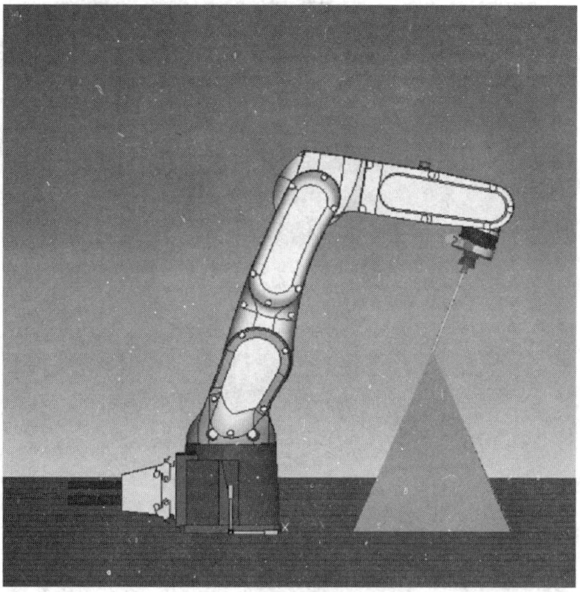

图 3-37　三点法创建工具坐标系 7

（8）选择示教器上的接近点 1，按住示教器上的【SHIFT】键和【F5】键记录接近点 1，如图 3-38 所示。

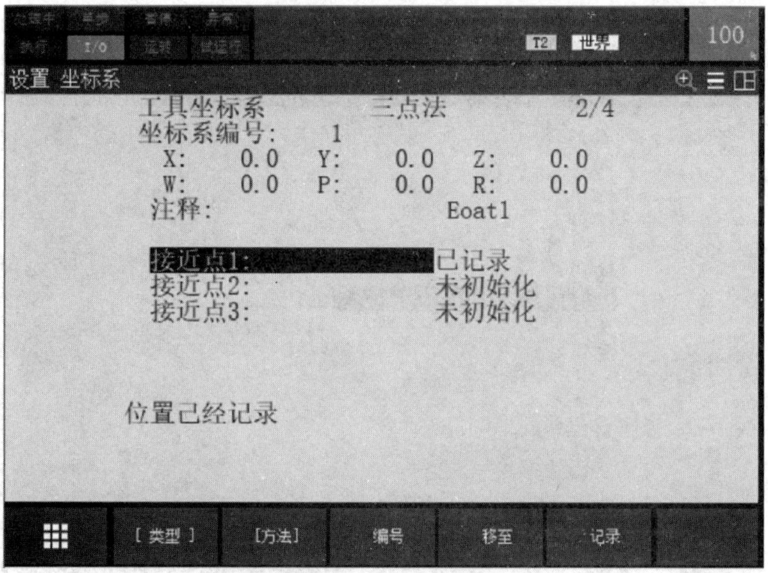

图 3-38　三点法创建工具坐标系 8

（9）选择合适的手动操作模式，操作工业机器人需要设定 TCP 的工具以另外一种姿态移动到固定点，如图 3-39 所示。

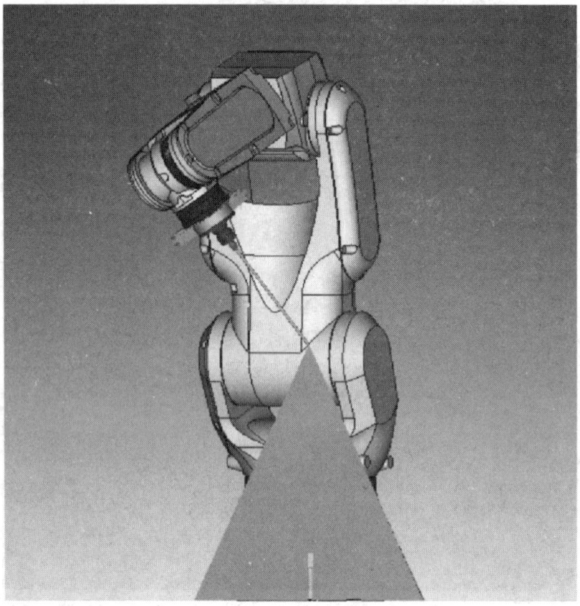

图 3-39 三点法创建工具坐标系 9

（10）选择示教器上的接近点 2，按住示教器上的【SHIFT】键和【F5】键记录接近点 2，如图 3-40 所示。

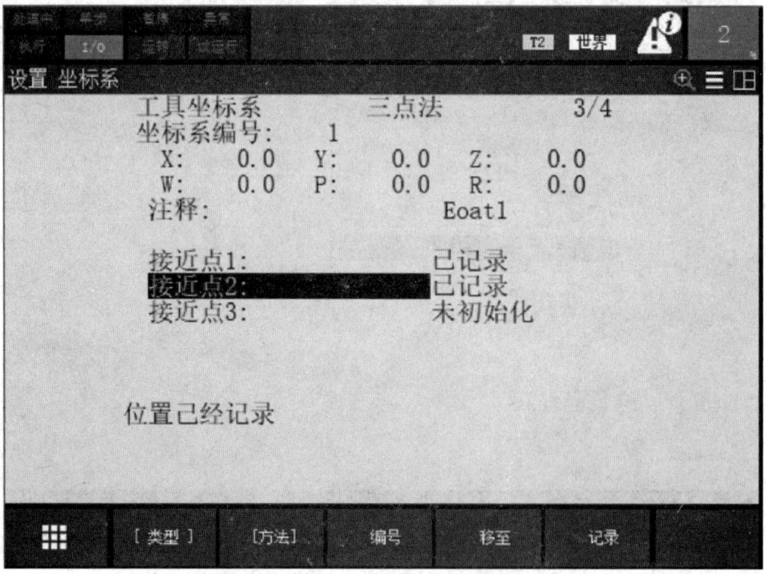

图 3-40 三点法创建工具坐标系 10

（11）选择合适的手动操作模式，操作工业机器人需要设定 TCP 的工具以另外一种姿态移动到固定点，如图 3-41 所示。

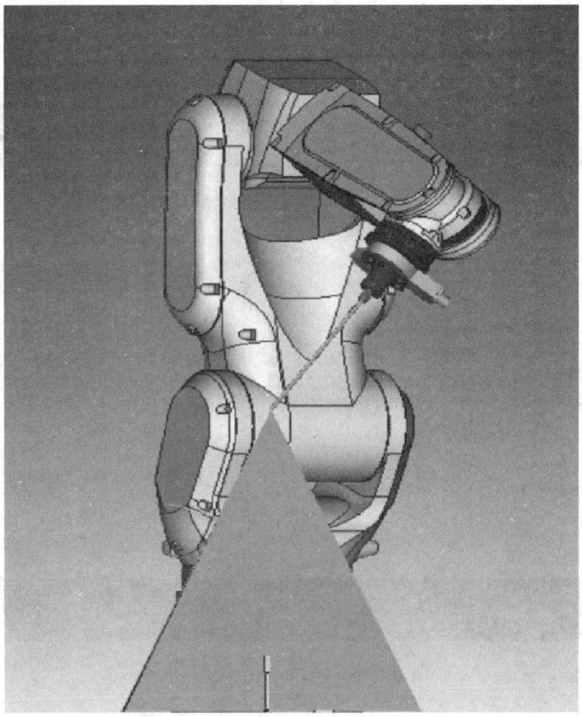

图 3-41　三点法创建工具坐标系 11

（12）选择示教器上的接近点 3，按住示教器上的【SHIFT】键和【F5】键记录接近点 3，当全部点都记录完成后，系统自动生成 TCP 数据，如图 3-42 所示。

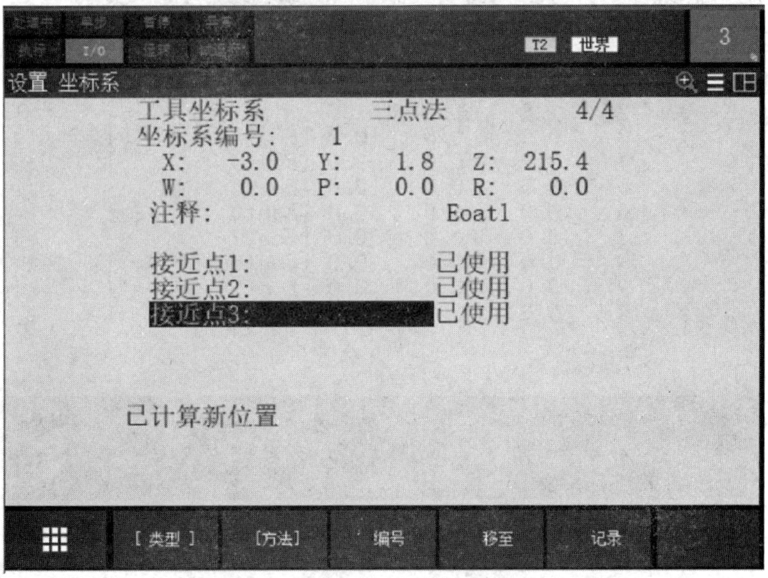

图 3-42　三点法创建工具坐标系 12

2）检验工具坐标系

（1）在工具坐标系画面中按下示教器上的【F5】键，输入需要检验的工具坐标系，然后按下示教器上的【ENTER】键即可，如图 3-43 所示。

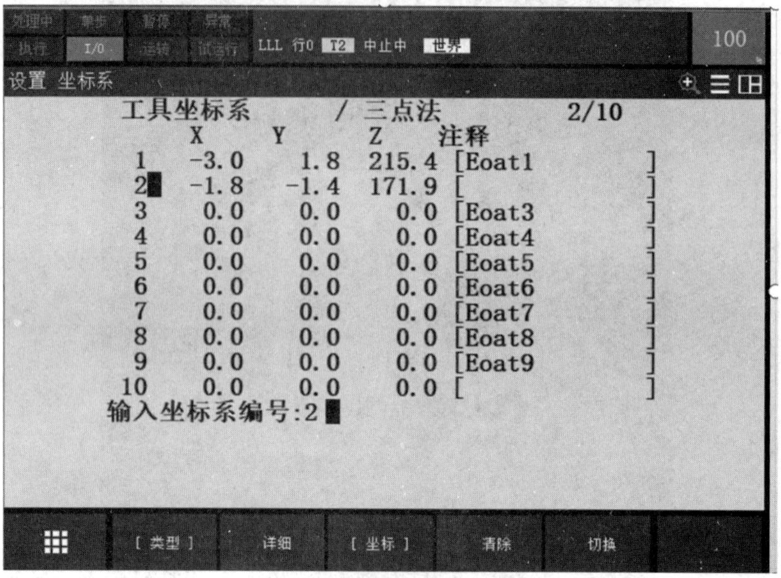

图 3-43 体验工具坐标系 1

（2）将机器人的坐标系选定为工具坐标系，按下示教器上的【SHIFT】+【COORD】键，然后按下【F4】键即可，如图 3-44 所示。

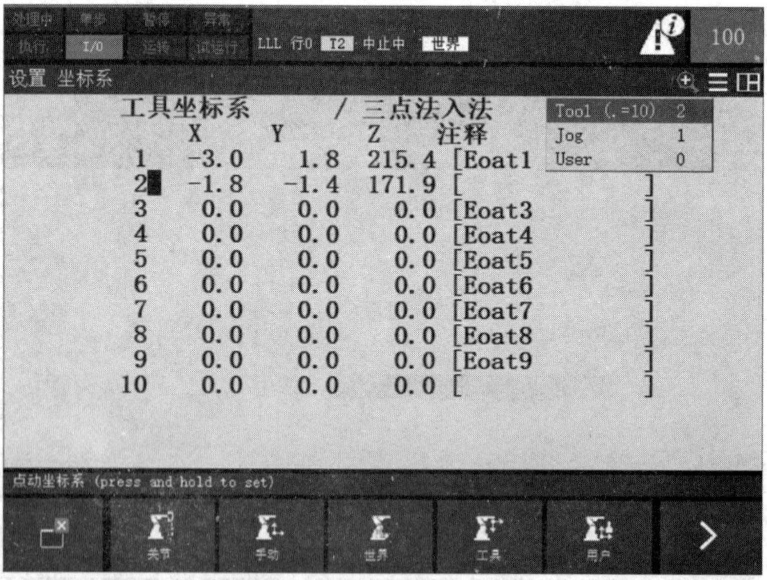

图 3-44 检验工具坐标系 2

（3）操作工业机器人的 TCP 尽可能靠近固定点，然后按下使能开关和【SHIFT】+J4、J5、J6 键，检验工业机器人的 TCP 是否准确。如果 TCP 设定精确，可以看到工具参考点与固定点始终保持接触，而机器人只会改变姿态。

2. 创建工业机器人用户坐标系

用户坐标系是拥有特定附加属性的坐标系，它主要用于简化编程，新的用户坐标系都是基于默认的用户坐标系变化得到的，工业机器人可以有多个用户坐标系，来表示不同的工件，或表示同一工件在不同位置的若干副本，如图 3-45 所示。

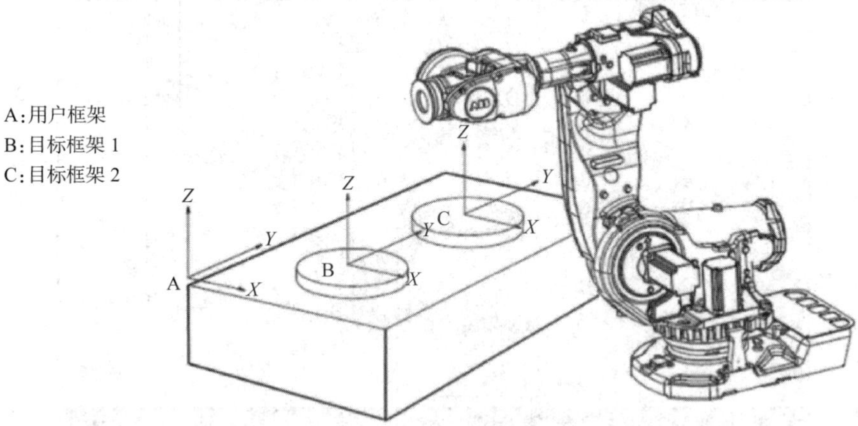

图 3-45　用户坐标系

创建工业机器人用户坐标系有 3 种方法，分别是三点法、四点法和直接输入法，下面以三点法为例介绍如何用三点法创建工业机器人的用户坐标系。

1）运用三点法创建工业机器人的用户坐标系

（1）点击示教器上的【MENU】键，找到“设置”，选择“坐标系”，然后按下示教器上的【ENTER】键，如图 3-46 所示。

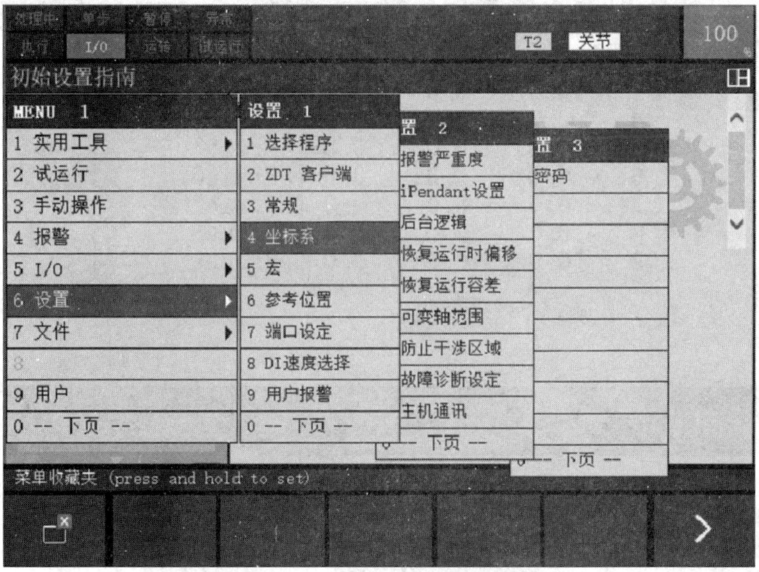

图 3-46　三点法创建用户坐标系 1

(2)进入设置坐标系画面,选择坐标系,点击示教器上的【F3】键,选择“用户坐标系”,然后按下示教器上的【ENTER】键,如图3-47所示。

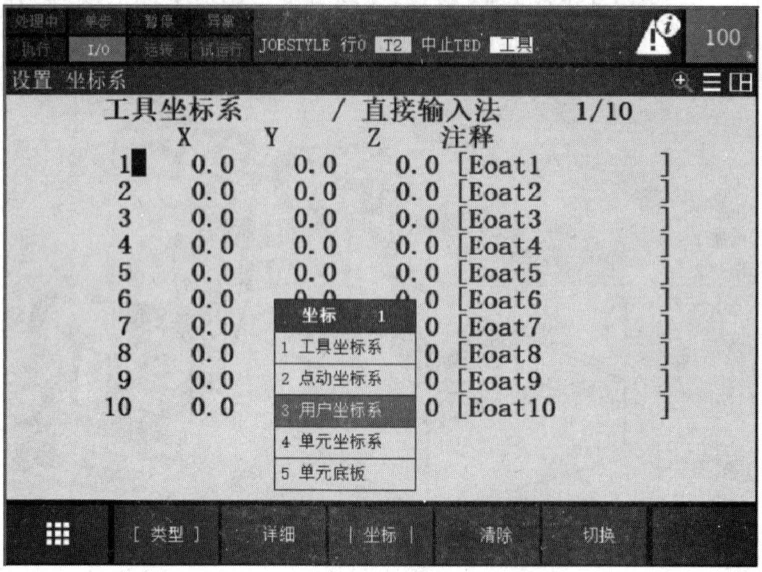

图3-47 三点法创建用户坐标系2

(3)进入用户坐标系画面,如图3-48所示。

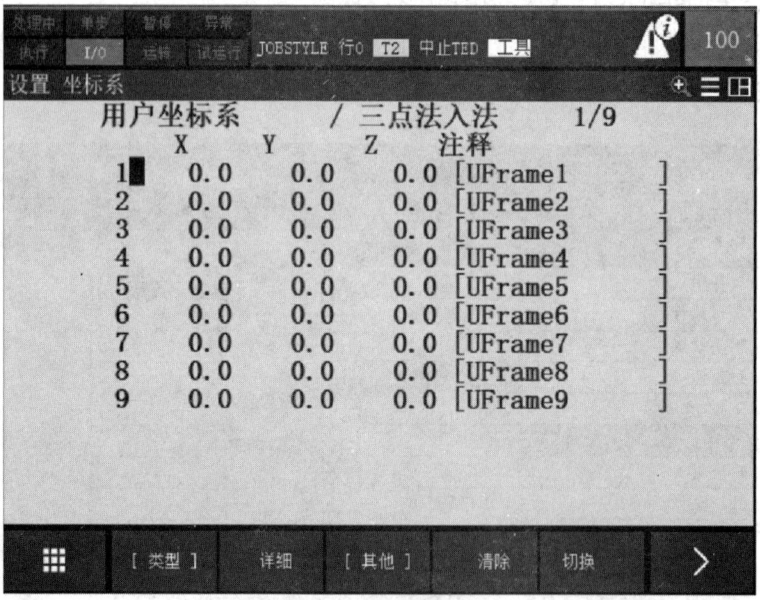

图3-48 三点法创建用户坐标系3

(4)可以创建9个用户坐标系,选择用户坐标系1,点击示教器上的【F2】键,如图3-49所示。

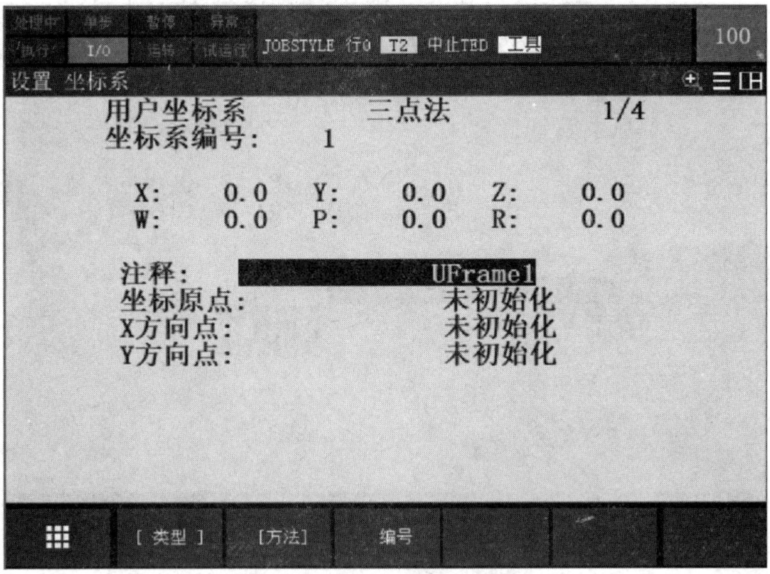

图 3-49　三点法创建用户坐标系 4

（5）点击示教器上的【F2】键，选择三点法，如图 3-50 所示。

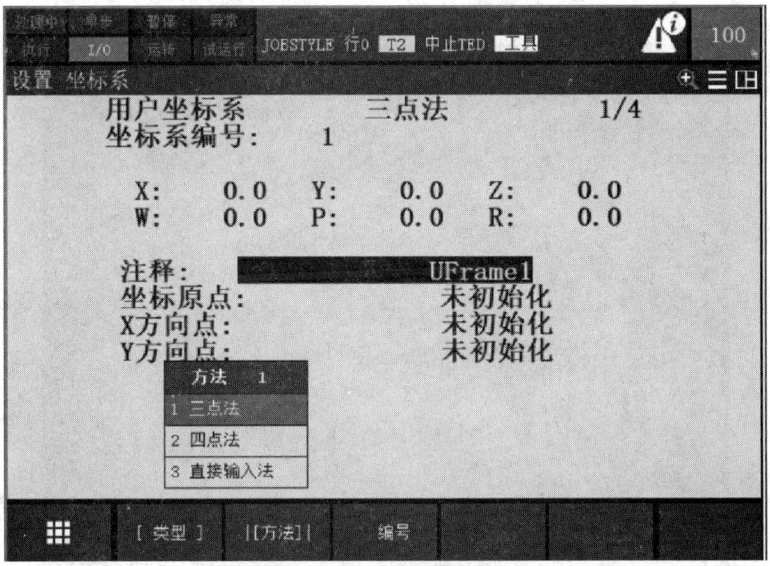

图 3-50　三点法创建用户坐标系 5

（6）进入三点法创建用户坐标系设定画面，如图 3-51 所示。

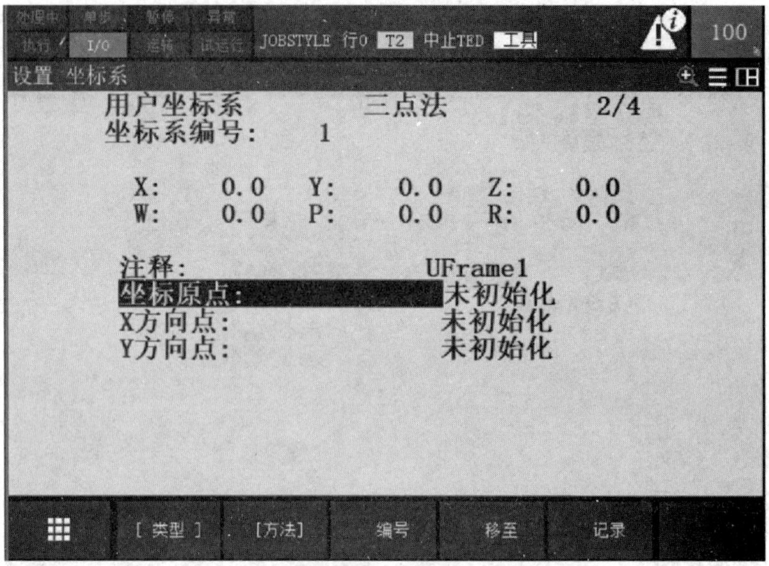

图 3-51　三点法创建用户坐标系 6

（7）选择合适的手动操作模式，操作工业机器人的工具移动到需要创建用户坐标系的坐标原点位置，如图 3-52 所示。

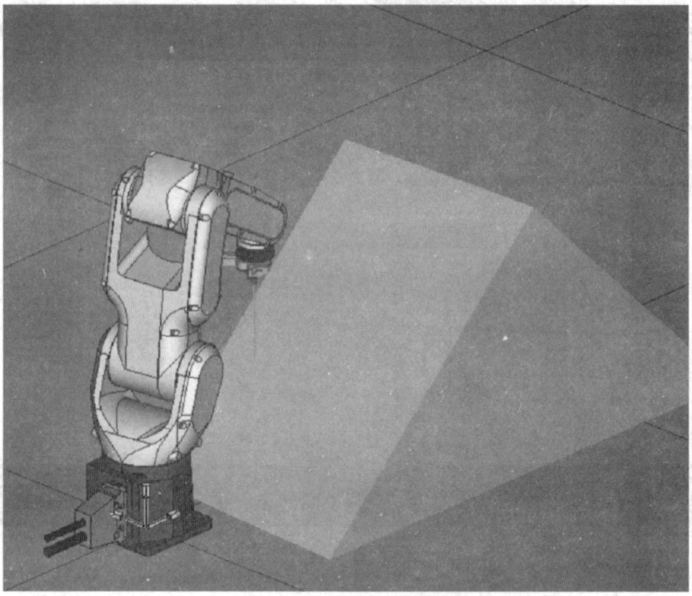

图 3-52　三点法创建用户坐标系 7

（8）选择示教器上的坐标原点，按住示教器上的【SHIFT】键和【F5】键记录坐标原点，如图 3-53 所示。

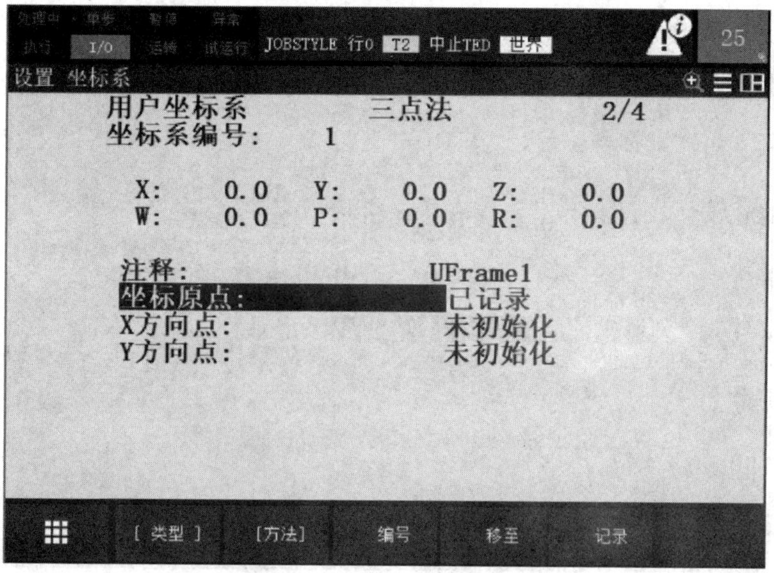

图 3-53　三点法创建用户坐标系 8

(9)选择合适的手动操作模式,操作工业机器人的工具移动到需要创建用户坐标系的 X 方向点位置,如图 3-54 所示。

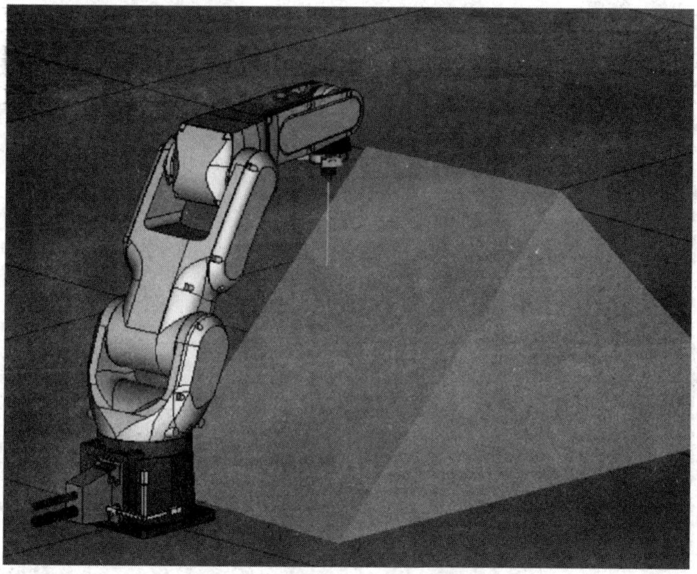

图 3-54　三点法创建用户坐标系 9

(10)选择示教器上的 X 方向点,按住示教器上的【SHIFT】键和【F5】键记录 X 方向点,如图 3-55 所示。

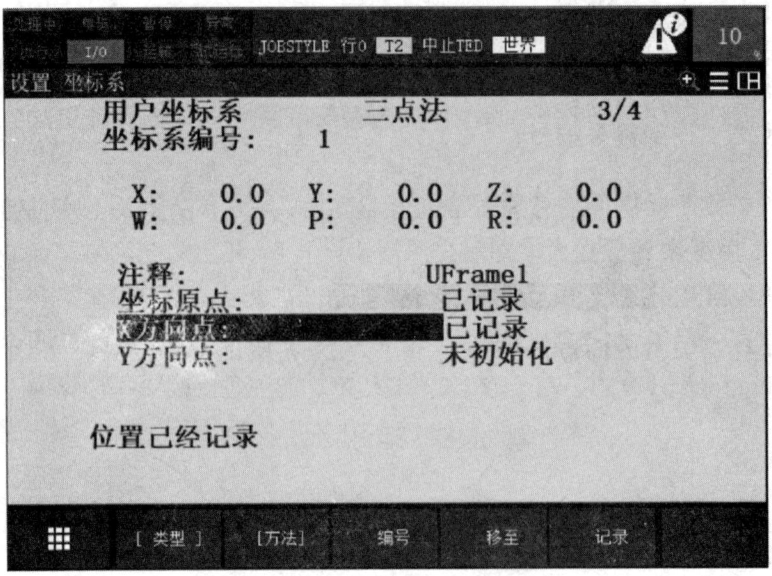

图 3-55 三点法创建用户坐标系 10

（11）选择合适的手动操作模式，操作工业机器人的工具移动到需要创建用户坐标系的 *Y* 方向点位置，如图 3-56 所示。

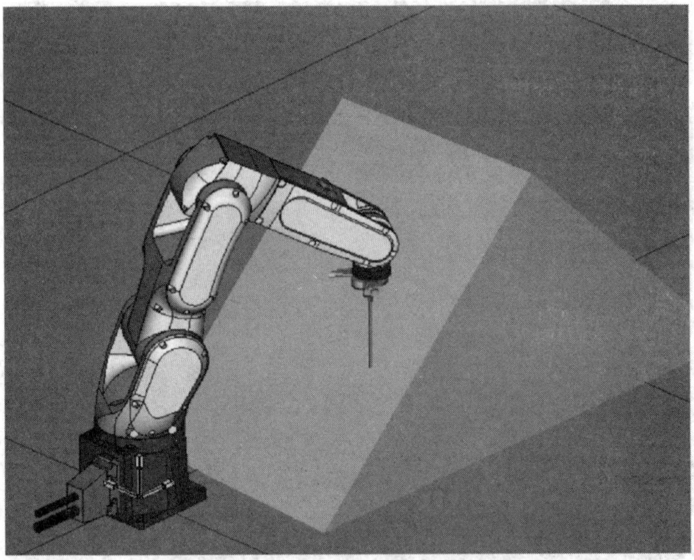

图 3-56 三点法创建用户坐标系 11

（12）选择示教器上的 *Y* 方向点，按住示教器上的【SHIFT】键和【F5】键记录 *Y* 方向点，当全部点都记录完成后，系统自动生成用户坐标系数据，如图 3-57 所示。

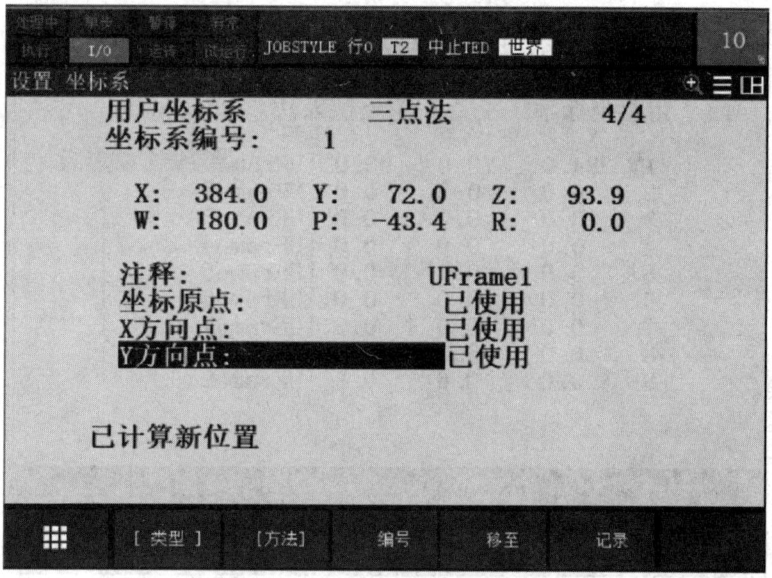

图 3-57　三点法创建用户坐标系 12

2）检验用户坐标系

（1）在用户坐标系画面中按下示教器上的【F5】键，输入需要检验的用户坐标，然后按下示教器上的【ENTER】键即可，如图 3-58 所示。

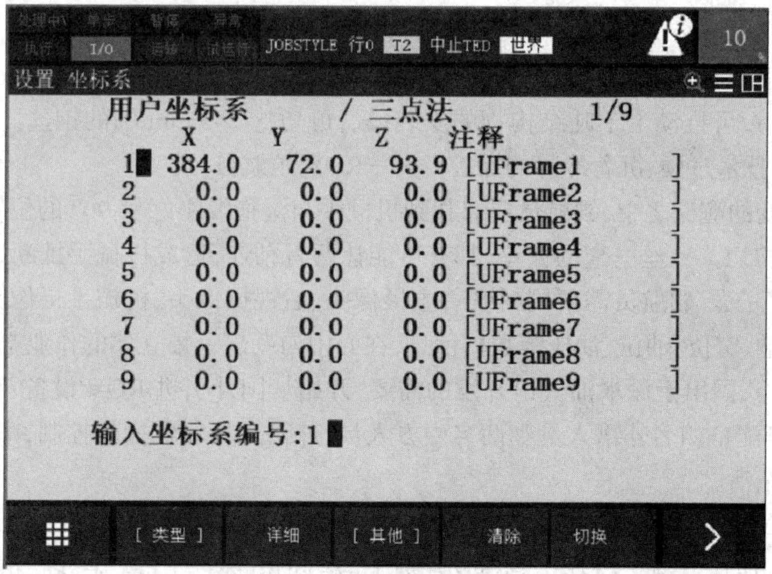

图 3-58　检验用户坐标系 1

（2）将机器人的坐标系选定为用户坐标系，按下示教器上的【SHIFT】+【COORD】键，然后按下【F5】键即可，如图 3-59 所示。

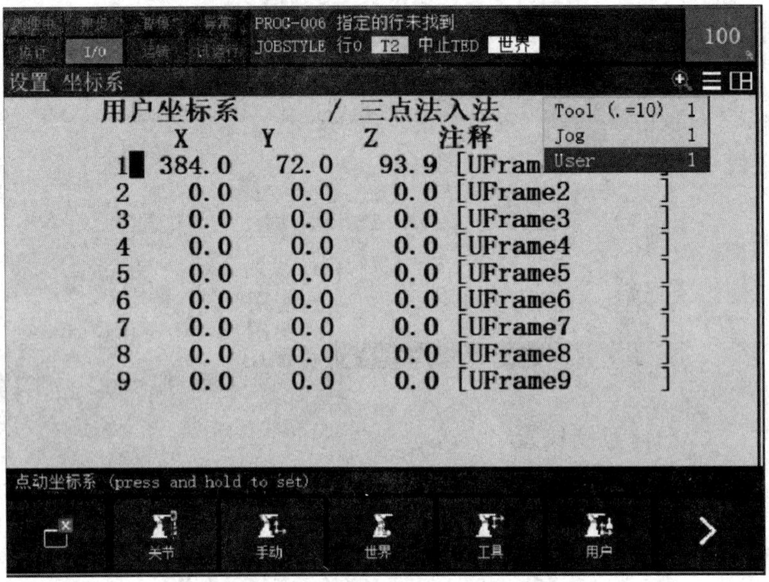

图 3-59 检验用户坐标系 2

（3）操作工业机器人沿 X、Y、Z 方向运动，检查用户坐标系的方向设定是否有偏差，若偏差不符合要求，重复以上设定的所有步骤。

工业史记

千里潜行，逐梦深海

海平面以下 300 m 是 ROV 水下机器人进行海底作业的主场。水下机器人由 3 万多个精密部件组成。重，可推动上千吨结构物的安装；轻，可巧拧 2~3 mm 细的钢丝。在水下机器人的背后，有一群技术过硬、沉着冷静的操控者——ROV 领航员。

在瞬息万变的海流之中，领航员要寻找到机械手与湿拖缆刚好呈 90° 的位置，用恰当的力度和速度进行剪切。一丝一毫的偏差，都有可能让两者粘连，造成机械手扯断、水下机器人锁死和整个项目停工。领航员需要同时盯着主摄像头、后视摄像头、机械手摄像头等 9 块屏幕，并密切关注声呐、定位、油位、油压等数据信息，在心中勾勒出一幅立体的作业空间。

十几年前，我国出于深水油气田开发的需要，开始从国外引进 ROV 设备及外籍专家。当时每个 ROV 班配备四名外籍人员和两名中方人员，外籍人员负责操作控制，中方人员却只能在甲板上干些杂活。

从 0 到 1 的路并非坦途，ROV 结构精密、造价高昂，光操控台上的按钮就有 1 200 多个，更涉及计算机、通信、遥感、海洋工程等 20 多门学科知识，是一套博、杂、高、精的多学科融合体系。

韩超是我国自主培养的第一代水下机器人领航员。“外国人能做的，我们中国人肯定也行！”凭着坚定的信念，经过 5 年刻苦训练，当时 31 岁的韩超不仅成为我国第一位持证 ROV 总监，也是全球最年轻的 ROV 总监，夺回了长期由欧美人把持的操作权和话语权。他带领年轻团队摆脱了对外籍 ROV 人员的依赖，从 2007 年开始，他和同事们牵引着机器人，“量身定制”各种水下设施的建造、安装、调试等流程。

2021 年 3 月，南海万顷波涛之上，“深海一号”大气田的脐带缆对接过程遇到挑战，由于水位太深，两台 ROV 多次尝试纠偏，但无法让其进入指定位置。韩超指挥两台水下机器人，先将脐带缆拉起离开海床，再凭借准确的空间感知力判断出缆体扭转角度，让 ROV 反方向回转后成功转到正确角度。在他和团队的密切协作下，“深海一号”大气田 7 根脐带缆的安装作业提前 22 天顺利完成，节约成本 2 800 多万元。中国人的脚印稳稳扎在了 1 500 m 的大海深处。

2022 年 4 月，我国自主设计建造的亚洲第一深水导管架“海基一号”在广东陆丰油田海域成功滑移下水并精准就位，韩超通过操控水下机器人剪切导管架上的湿拖缆，创造了亚洲深水导管架海上安装新纪录，标志着我国深水超大型导管架成套关键技术和安装能力达到世界一流水平，对推动海上油气增储上产、保障国家能源安全具有重要战略意义。

多年以来，韩超每年出海 200 天以上，ROV 飞行时间累计超过 1.2 万小时，“潜行”距离超过 2 万里，相当于在水下“走”了一次“长征路”，作业水深从 9 m 的超浅水跨度到 1 500 m 的超深水……这也是一场不断攀登的历程，每一寸深潜都烙印下韩超徜徉蔚蓝的足迹。对他而言，初出茅庐时的艰辛与磨炼，都是成就今日的必经之路。伴随着技术的不断精进，韩超也期待着自己能够与这个行业共同再向前迈进——推动 ROV 行业在国内的职业化和 ROV 设备的国产化是他如今的目标。

思考与练习

1. 填空题

（1）工具坐标系通常以________为原点，将工具方向取为_____轴。

（2）工具坐标系由工具中心点（TCP）的位置________和工具的姿态________构成。

（3）________是在机器人的机械接口（机械手腕法兰盘面）中定义的标准笛卡儿坐标系，坐标系固定在机器人事先确定的位置。

（4）________是用来定义刀尖点（TCP）的位置和刀具姿态的直角坐标系。

（5）用户坐标系是用户对每个________进行定义的直角坐标系。

（6）关节坐标系是设定在机器人关节中的坐标系，其原点设置在__________________处。

2. 简答题

（1）简述工业机器人的坐标系分类和特点。

（2）简述工业机器人不同坐标系的意义和作用。

（3）简要说明三点法设置工具坐标系的操作要点。

（4）简要说明手动激活用户坐标系的方法。

项目四　发那科工业机器人编程控制

思政导入

党的二十大报告指出，基础研究和原始创新不断加强，一些关键核心技术实现突破，战略性新兴产业发展壮大，载人航天、探月探火、深海深地探测、超级计算机、卫星导航、量子信息、核电技术、新能源技术、大飞机制造、生物医药等取得重大成果，进入创新型国家行列。在中国空间站的建设和日常维护过程中，机械手发挥着显著的重要作用，可以完成换位对接、日常维护、辅助出舱活动等关键任务。中国空间站机械臂的重量约 740 kg，但采用了大负载自重比设计，负重能力高达 25 t，长度约 10.2 m，具有 7 个自由度和重定位能力，能头尾互换在空间站舱段上自主爬行。机械手的高精度和动态性能是成功完成这些任务的必要条件，对工业机器人运动轨迹的操控至关重要。十年来，我国航天事业已经取得举世瞩目的成就，中国航天的高度还在不断刷新之中。立足新起点，中国航天事业将不断书写新的传奇，航天工作者也将继续贡献中国力量、中国智慧，继而谱写出新时代更加出彩的绚丽篇章。

通过之前的学习，我们已经能够使用示教器对机器人的运动进行控制。那么，如何使机器人按照人类设定的步骤、预定的轨迹运动呢？这就需要编写程序，通过程序编写，告诉机器人运动的轨迹和机械手操作的位置。每一次示教记录包含机器人的运动方式、到达的具体位置、运动的快慢、定位类型等信息，这就是一条指令。指令联合在一起形成的指令集合，就是机器人的控制程序。在本项目中，我们就来学习如何通过程序来控制机器人，在此之前还需要了解示教器编程过程中的基本知识和基本操作。

知识目标

1. 了解程序的管理方法。
2. 了解工业机器人的动作指令。
3. 了解工业机器人的指令示教。
4. 了解程序指令的编辑。

技能目标

1. 掌握程序的创建、选择、删除与复制方法。
2. 掌握工业机器人动作指令的示教方法。
3. 掌握相关程序指令的编辑方法。
4. 熟练掌握运动指令相关项目的实训步骤。

任务一　管理程序

机器人应用程序由用户编写的一系列机器人指令以及其附带的信息构成，使机器人完成特定的作业任务。程序除记述机器人如何进行作业的程序信息外，还包括程序属性等详细信息。本项目主要讲解如何创建程序、选择程序、删除程序、复制程序和执行程序等。

4.1.1　创建程序

要求机器人完成预设的轨迹，就要创建一个程序对机器人的运动进行控制。用户在创建程序前，需要对程序的概要进行设计，要考虑机器人执行所期望作业的最有效方法，在完成概要设计后，即可使用相应的机器人指令来创建程序。

程序的创建一般通过示教器进行。在对动作指令进行创建时，通过示教器手动进行操作，控制机器人运动至目标位置，然后根据期望的运动类型进行程序指令记述。程序创建结束后，可通过示教器根据需要修改程序。

1. 程序命名原则

1）程序命名需遵循的规则

（1）不可以空格作为程序名的开始字符，不可以符号作为程序名的开始字符，不可以数字作为程序名的开始字符。

（2）程序名最多由 8 个字符构成，必须以英文字母开头，程序名相对于程序必须是独一无二的。

（3）可以通过单词快速创建以 RSR、PNS、STYLE、JOB 和 TEST 为开头的程序，这是机器人编程常用的程序名。

（4）程序名的含义应尽量贴近程序的工作内容，以增加程序的可阅读性。

2）命名程序时可以使用的字符

（1）字符：英文字母，但仅限大写字母。

（2）数字：0~9。

（3）记号：仅限下划线“_”，不可使用 @ 和 * 等特殊符号。

2. 程序的创建

在编制程序时，首先要进行程序的创建，可通过示教器的创建功能完成程序的创建。创建程序的主要步骤如下。

（1）在示教器操作面板上按程序一览（【SELECT】）键，如图 4-1 所示。

（2）在示教器屏幕上程序目录界面后，点击创建或键盘上的【F2】键，即可创建程序，如图 4-2 所示。

（3）通过移动光标选择“程序名”进行命名，也可通过示教器功能键 F1 至 F5 选择程序名，如图 4-3 所示。

（4）按回车键确认，按编辑（EDIT）或功能键【F3】进入程序编辑界面，如图 4-4 所示。

图 4-1　SELECT 操作提示图

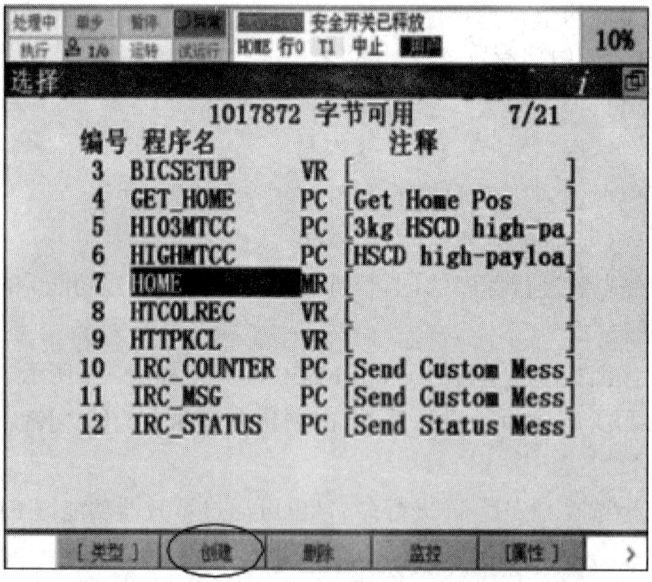

图 4-2　创建程序

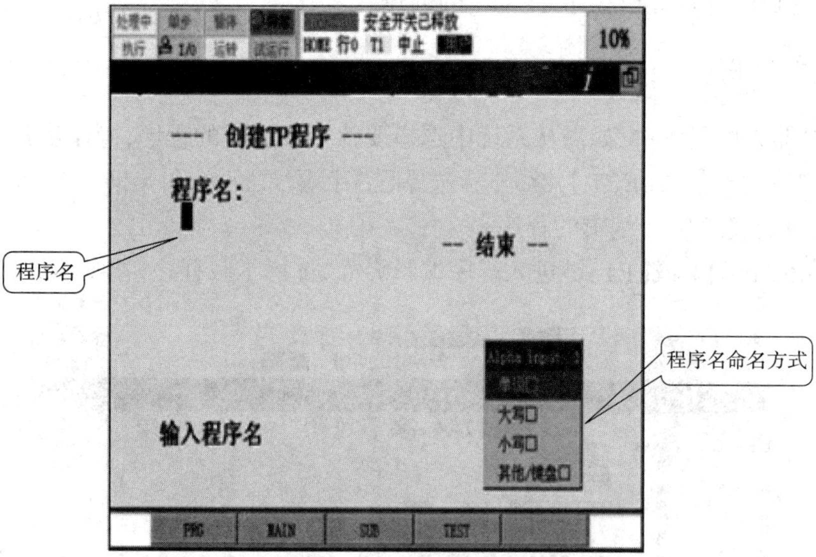

图 4-3　程序命名

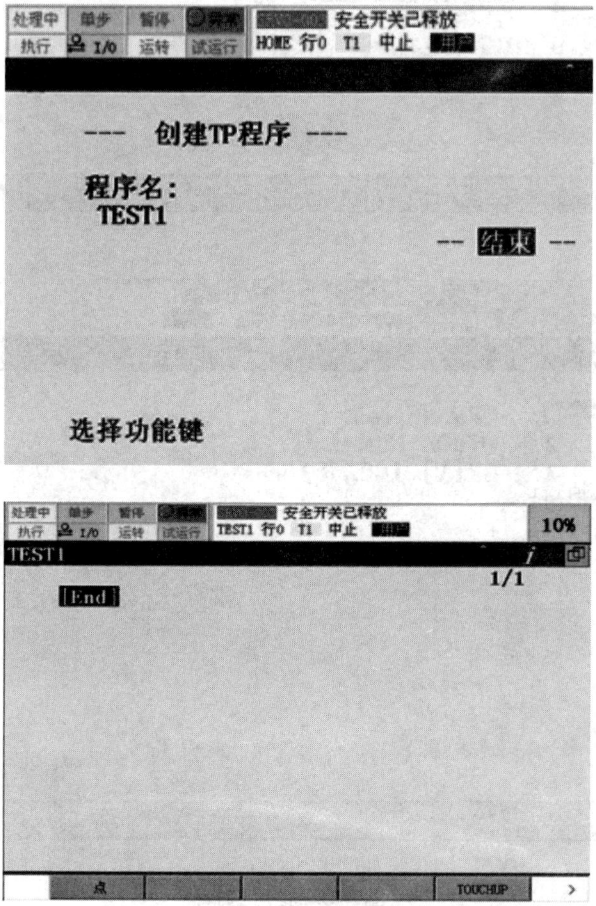

图 4-4　程序编辑

按照以上操作，即可完成程序 TEST1 的创建。

4.1.2 选择程序

在操控机器人的过程中，如需从系统中选择要执行或编辑的程序，操作步骤如下：

（1）按程序一览（【SELECT】）键，显示选择程序目录界面，如图 4-5（a）所示；

（2）移动光标选择需要编辑的程序；

（3）按【ENTER】键或【F4】键进入程序编辑界面，选择示教程序，如图 4-5（b）所示。

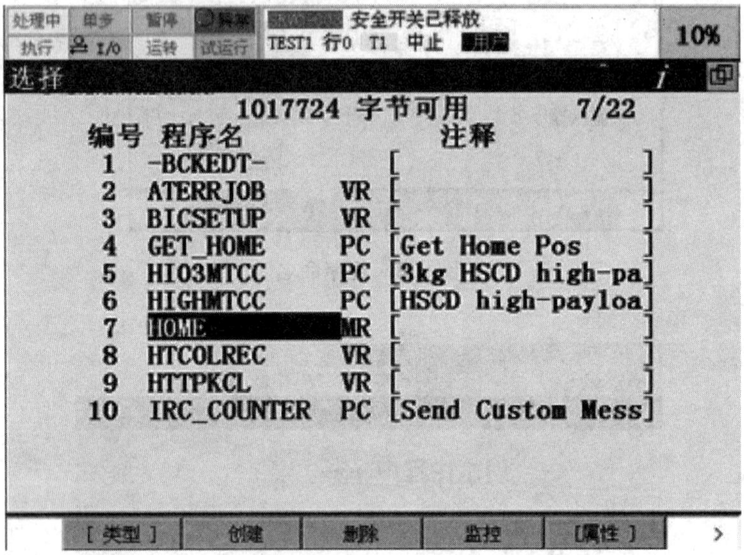

（a）选中需要的程序

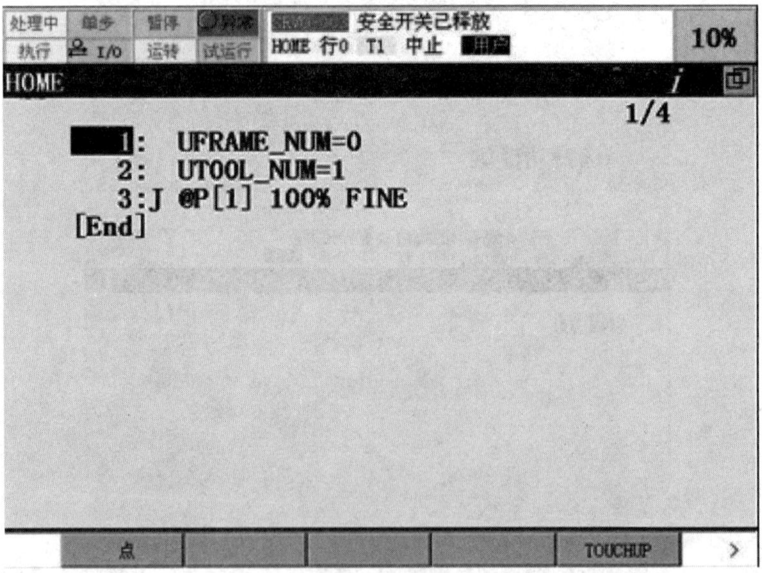

（b）进入编辑界面

图 4-5 程序选择

4.1.3　删除程序

对于生产中不再使用的程序，可以在系统中将其删除。删除程序同样在程序目录界面进行，操作步骤如下：

（1）按程序一览(【SELECT】)键，显示选择程序目录界面；

（2）移动光标选中要删除的程序名，如图 4-6（a）所示；

（3）按【F3】（删除）键会出现“是否删除?”提示信息，如图 4-6（b）所示；

（4）按【F4】键，确认删除所选程序。

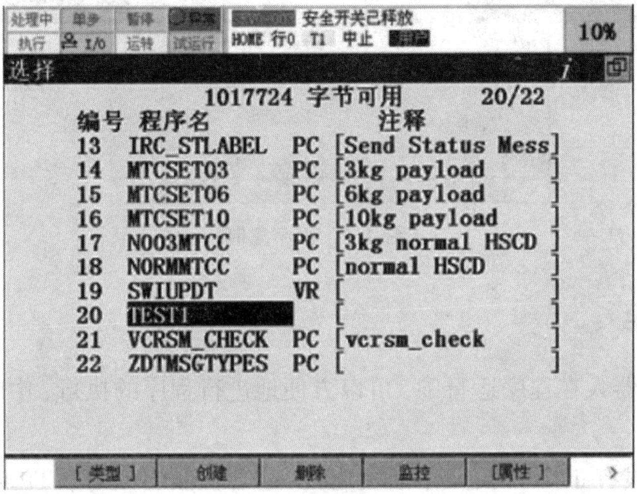

（a）光标选择要删除的程序

（b）删除程序操作对话界面

图 4-6　程序删除

4.1.4　复制程序

复制程序的步骤如下：

（1）按程序一览(【SELECT】)键，显示选择程序目录界面，如图 4-7 所示；

（2）移动光标选中要复制的程序名，如 HOME；

（3）若功能键中无【COPY】（复制）键，按【NEXT】（下一页）键切换功能键内容；

（4）按【F1】键，即【COPY】（复制）键；

（5）移动光标选择程序命名方式，再使用功能键（F1 至 F5）输入程序名；

（6）程序名输入完毕，按【ENTER】（回车）键确认，出现确认界面；

（7）按【F4】键，即【是】即可。

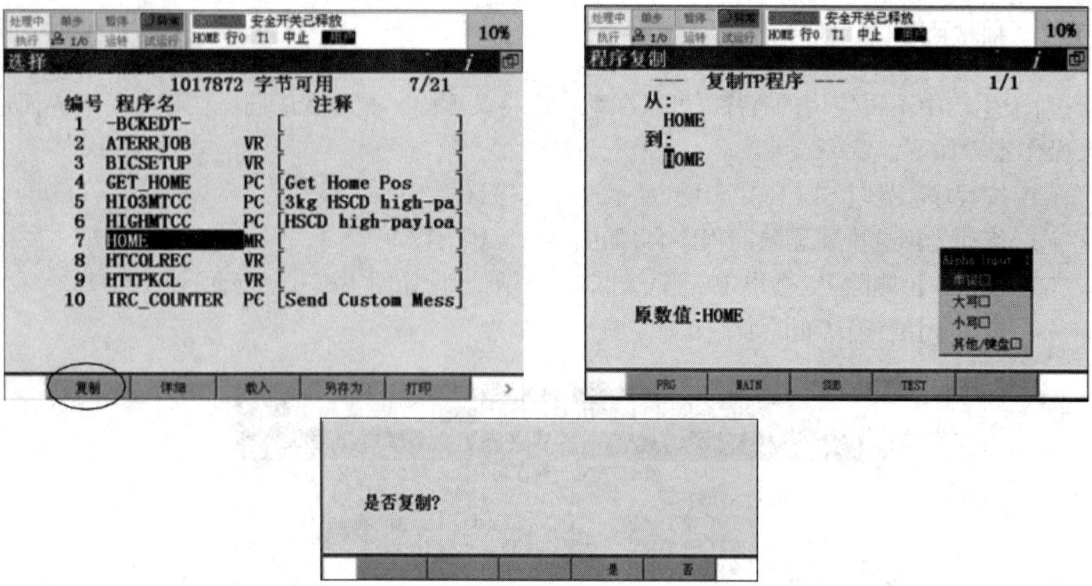

图 4-7 程序复制

4.1.5 执行程序

FANUC 工业机器人在程序运行中，可以方便地进行程序的执行、中断和恢复等操作。

1. 程序的执行

程序的启动方式有 TP 启动、操作面板启动、远端控制启动等。TP 启动又有顺序单步运行、顺序连续运行、逆序单步运行等，这里主要介绍 TP 启动。

1）顺序单步执行

顺序单步执行在开关模式为 T1/T2 条件下进行，操作步骤如下：

（1）按住示教器【DEADMAN】键；

（2）把 TP 开关打到“ON”（开）状态；

（3）移动光标到需开始执行的指令行，如图 4-8（a）所示；

（4）按住示教器上的【STEP】键，确认示教器屏幕上“单步”指示灯亮，如图 4-8（b）所示；

（5）按住示教器上的【SHIFT】键，每按一次【FWD】键，执行一条指令。

2）顺序连续执行

顺序连续执行在开关模式为 T1/T2 条件下进行，操作步骤如下：

（1）按住示教器【DEADMAN】键；

（2）把 TP 开关打到“ON”（开）状态；

（3）移动光标到需开始执行的指令行；

（4）确认示教器屏幕上“单步”指示灯不亮；

（5）按住示教器上的【SHIFT】键，再按下【FWD】键即可执行程序，机器人连续运行。

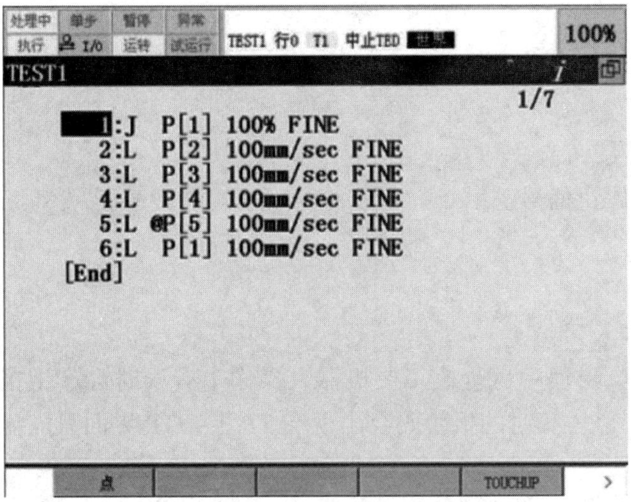

(a)光标移动至需执行的指令行

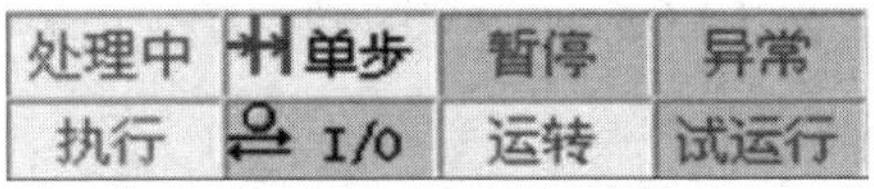

(b)示教器屏幕“单步”显示

图 4-8　程序的顺序单步执行

3)逆序单步执行

逆序单步执行在模式开关为 T1 /T2 条件下进行,操作步骤如下:

(1)按住示教器【DEADMAN】键;

(2)把示教器开关打到“ON”(开)状态;

(3)移动光标到需开始执行的指令行,如图 4-9 所示;

(4)按住示教器上的【SHIFT】键,每按一下【BWD】键,开始执行一条指令。

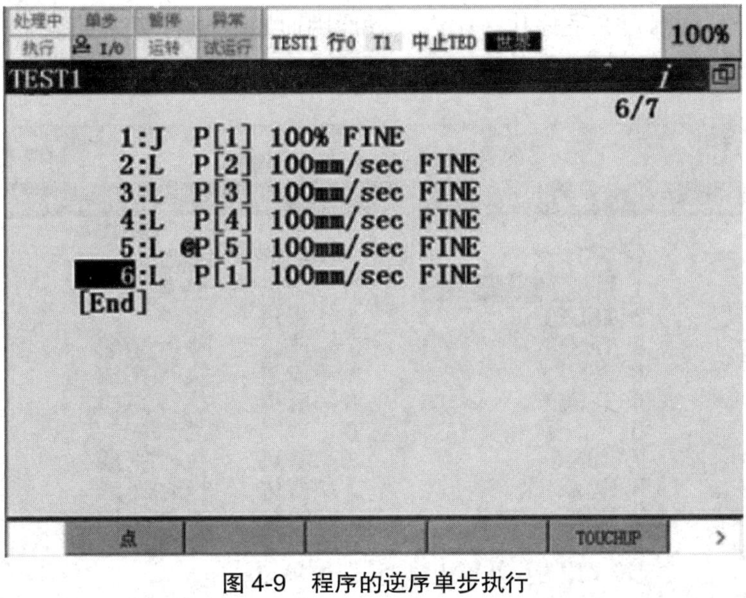

图 4-9　程序的逆序单步执行

2. 程序的中断

机器人程序在运行过程中,可能会因为人为操作或报警的原因而发生程序中断。

1）引起程序中断的情况

引起程序中断的情况主要有人为停止和发生报警两种。

（1）人为停止：操作人员停止程序运行。

①按下示教器或控制柜面板上的急停按钮。

②外围设备 I/O 的 IMSTP（系统紧急停止信号）输入。

③释放 DEADMAN 开关。

④示教器【暂停】（HOLD）按键。

⑤外围设备 I/O 的【暂停】（HOLD）输入。

（2）发生报警：程序运行中遇到报警。当程序运行或工业机器人操作中有误时会产生报警，使工业机器人停止执行任务，以确保安全。实时的报警码会出现在 TP 上，TP 界面只能显示一条报警码。

若发生报警使程序中断，可通过【MENU】—【报警】（ALARM），查看相应报警信息；可通过【F4 CLEAR】（删除），清除报警代码历史记录（【SHIFT】+【F4 CLEAR】清除当前页报警代码历史记录）；可通过【F5 DETAIL】（细节），查看详细内容（【F5 HELP】显示报警代码的详细信息）。

注意：一定要将故障消除，按【RESET】键才会真正消除报警。有时，TP 上实时显示的报警代码并不是真正的故障原因，这时通过查看报警记录才能找到引起问题的报警代码。

2）程序的中断状态类型

（1）强制终止：TP 界面将显示程序的执行状态为 ABORTED（结束）。

（2）暂停：TP 界面将显示程序的执行状态为 PAUSED（暂停）。

3. 程序的恢复

使用程序恢复功能，可在程序执行中因某种原因而导致掉电，在冷启动后也可掌握电源断开时的程序执行状态，从而便于恢复作业的进行，如图 4-10 所示。

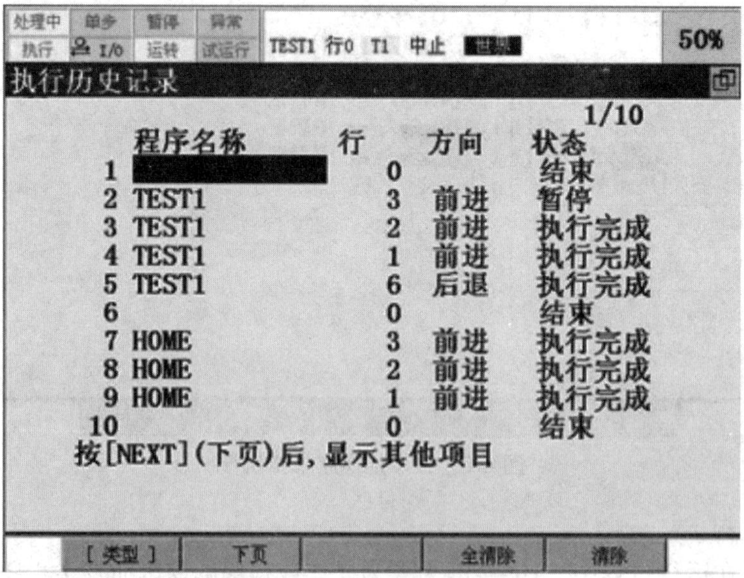

图 4-10 执行历史记录清单界面

任务二　动作指令

动作指令是以指定的移动速度和移动方法使机器人向作业空间内的指定位置移动的指令。动作指令的示教是对构成动作指令的指令要素和位置资料同时进行示教。

FANUC 工业机器人动作指令包括动作类型、位置变量、位置数据类型、移动速度、定位类型、位置指示符号以及动作附加指令等，具体含义如下。

动作类型：朝向目标准点的移动轨迹。

位置变量：存储机器人移动目标点的位置资料。

位置数据类型：包括 P[i]，一般位置；PR[i]，位置寄存器。其中，i 表示位置号。

移动速度：指定机器人移动的速度。

定位类型：是否在所指定的位置定位，包括 FINE（精确定位）和 CNT（非精确定位）。

位置指示符号 @：当位置数据前出现 @ 符号时，表示机器人的工具中心点正在该位置。

动作附加指令：指定与动作一起执行的指令，包括 ACC（加减速倍率指令）、offset（位置补偿指令）和 INC（增量指令）等。

例如：

L @ P[i] 400mm/sec FINE offset

在此条指令中，“L”表示直线运动，“@”表示当前位置指示，“P[i]”表示 i 位置的一般位置数据，“400mm/sec”表示工业机器人在运动过程中的移动速度，“FINE”表示运动的精确定位，“offset”表示运动位置补偿指令。

本任务主要讲解工业机器人的动作类型、位置数据、关节配置、定位类型、运动附加指令等。

4.2.1　动作类型

动作类型指朝向指定位置移动的轨迹，包括不进行轨迹控制 / 姿势控制的关节运动 J（Joint），进行轨迹控制、姿势控制的直线运动（包含旋转移动）L（Linear）以及圆弧运动 C（Circular）。

1. 关节运动 J

微课：机器人基本运动指令
——关节运动指令

关节运动是工业机器人沿着所有轴同时加速，在示教速度下移动后，同时减速后停止，通常移动轨迹为非线性。关节移动速度的单位，以相对最大移动速度的百分比来表示。关节运动中的工具姿势不受控制，如图 4-11 所示。

指令格式如下：

```
J   P[1]     100% FINE
J   P[1]     100% CNT100
```

其中：J——机器人关节运动；

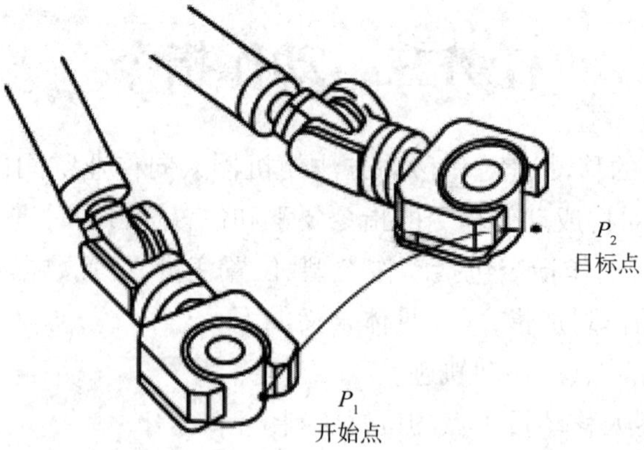

图 4-11 关节运动

P[1]——目标点；

100%——机器人关节以 100% 速度运动；

FINE——单行指令运动结束稍作停顿；

CNT100——机器人运动中两行指令以 100 mm 半径圆弧过渡。

应用机器人以最快捷的方式运动至目标点，机器人运动状态不完全可控，但运动路径保持唯一，常用于机器人在空间大范围内移动。

2. 直线运动 L

微课：机器人基本运动指令——线性运动指令

直线运动是以线性方式从开始点运动到结束点。直线移动速度的单位，可从 mm/sec、cm/min、sec、msec 中选择。直线运动中的工具姿势可以受到控制，如图 4-12 所示。

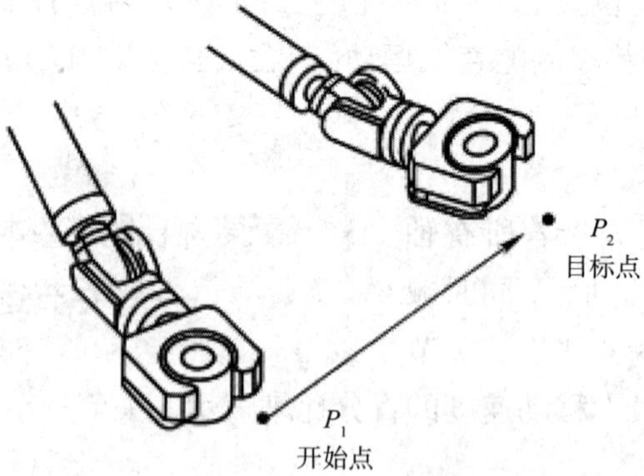

图 4-12 直线运动

指令格式如下：

L @ P [1] 100mm/sec FINE

L @P [2] 100mm/sec CNT100

其中：L——机器人直线运行；

P[1]——目标点；

100 mm/sec——机器人 TCP 点以 100 mm/sec 速度运动；

FINE——单行指令运动结束稍作停顿；

CNT100——机器人运动中两行指令以 100 mm 半径圆弧过渡。

应用机器人以线性方式运动至目标点，当前点与目标点两点决定一条直线，机器人运动状态可控，运动路径保持 唯一，可能出现奇点，常用于机器人在工作状态移动。

3. 圆弧运动 C

微课：机器人基本运动指令
——圆弧运动指令

圆弧运动是以圆弧方式从运动开始点通过经由点到结束点运动。其在一个指令中对经由点和目标点进行示教。圆弧移动速度的单位，可从 mm/sec、cm/min、inch/min、sec、msec 中选择。圆弧运动中的工具姿势可以受到控制，如图 4-13 所示。

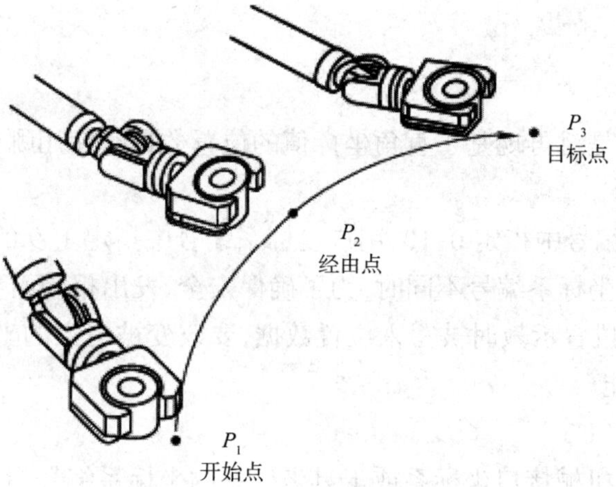

图 4-13　圆弧运动

指令格式如下：

J　P[1]　　100% FINE

C　P[2]P[3]　500mm/sec FINE

其中：C——机器人圆弧运动；

P[1]——圆弧起始点，是上一条运动指令的末端点；

P[2]——圆弧中间点；

P[3]——圆弧终点；

500 mm/sec——机器人运行速度；

FINE——单行指令运动结束稍作停顿。

应用机器人通过中心点以圆弧移动方式运动至目标点，当前点、中间点与目标点三点决定一段圆弧，机器人运动状态可控，运动路径保持唯一，常用于机器人在工作状态移动。

4.2.2 位置数据

位置数据存储工业机器人的位置和姿势。在对运动指令进行示教时,位置数据同时被写入程序。

位置数据包括基于关节坐标系的关节坐标值、通过作业空间内的工具位置和姿势表示的直角坐标系坐标值。在标准设定下,将直角坐标系坐标值作为位置数据使用。

基于直角坐标系坐标值的位置数据,通过4个要素来定义,分别是直角坐标系中的工具尖点(工具坐标系原点)位置、工具方向(工具坐标系)的斜度、形态、所使用的直角坐标系。

位置数据(直角坐标系坐标值)包含UF,UT,(X,Y,Z,W,P,R),Configuration,具体含义如下。

UF:用户坐标系编号。

UT:工具坐标系编号。

"X,Y,Z":位置。

"W,P,R":姿势。

Configuration:形态。

1. 核实直角坐标系

直角坐标系的核实是对再现基于直角坐标值的位置数据时使用哪个坐标系编号的直角坐标系进行检测。

(1)在工具坐标系编号中指定0~10、用户坐标系编号中指定1~9的情况下,当所指定的坐标系编号与当前所选的坐标系编号不同时,为了确保安全,发出报警而不执行程序。

(2)坐标系编号在位置示教时被写入位置数据,要改变被写入的坐标系编号,可使用工具更换、坐标更换偏移功能。

2. 工具坐标系编号(UT)

工具坐标系编号由机械接口坐标系或工具坐标系的坐标系编号指定。工具侧的坐标系由此而确定。

0:使用机械接口坐标系。

1~10:使用所指定的工具坐标系编号的工具坐标系。

F:使用当前所选的工具坐标系编号的坐标系。

3. 用户坐标系编号(UF)

用户坐标系编号由世界坐标系或用户坐标系的坐标系编号指定。作业空间的坐标系由此而确定。在LR Mate上,该值被固定为0(零)。

0:使用世界坐标系。

1~9:使用所指定的用户坐标系编号的用户坐标系。

F:使用当前所选的用户坐标系编号的坐标系。

4. 位置和姿势

(1)位置(X,Y,Z),以三维坐标值来表示直角坐标系中的工具尖点(工具坐标系原点)

位置。

(2)姿势(*W*，*P*，*R*)，以直角坐标系中的 *X*、*Y*、*Z* 轴周围的旋转角来表示，如图 4-14 所示。

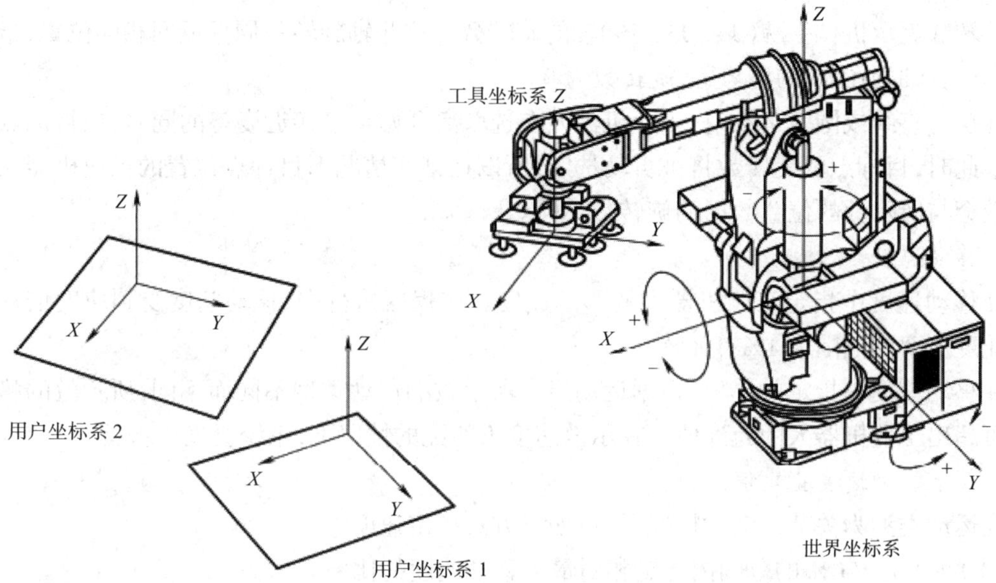

图 4-14　位置和姿势

5. 形态(Configuration)

形态是指工业机器人主体部分的姿势。有多个满足直角坐标系坐标值(*X*，*Y*，*Z*，*W*，*P*，*R*)条件的形态。要确定形态，需要指定每个轴的关节配置和旋转数。

4.2.3　关节配置

关节配置是指机械手腕和机臂的配置，如图 4-15 所示。指定机械手腕和机臂的控制点相对控制面位于哪一侧。当控制面上控制点相互重叠时，工业机器人位于特殊点(特殊姿势)。特殊点上由于存在无限种基于指定直角坐标系坐标值的形态，导致工业机器人不能操作。

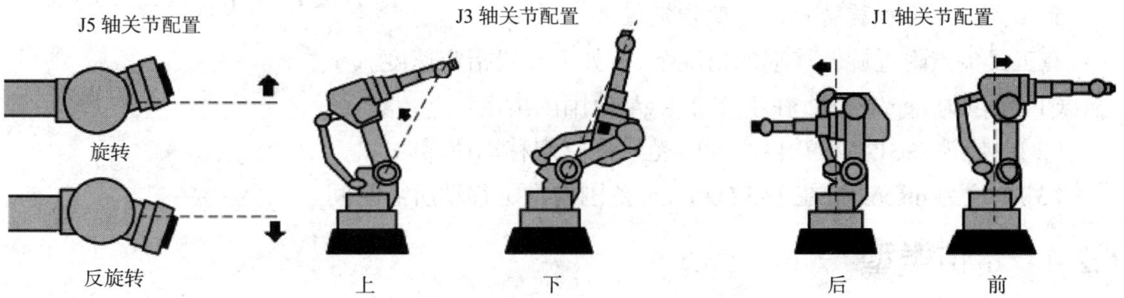

图 4-15　关节配置

工业机器人不能在终点位于特殊点的位置操作。有的情况下，可选择最便于获取的形态进行操作,这种情况下可通过关节坐标值进行示教。

在直线 / 圆弧运动中,工业机器人不能通过路径上的特殊点(无法改变关节配置),这种情况下使用关节运动。

1. 旋转数

旋转数表示机械手腕(J4、J5、J6)轴的旋转数。这些轴旋转一周后返回相同位置,指定旋转几周。各轴处在 0° 的姿势下,旋转数为 0。

在执行直线或圆弧运动时,工业机器人在选取离开始点最接近姿势的同时,向目标点方向移动。此时,目标点的旋转数将被自动选定,所以在某些情况下目标点位置的工业机器人实际旋转数会与所示教的位置数据的旋转数不同。

2. 移动速度

在移动速度中指定工业机器人的移动速度。在程序执行中,移动速度受到速度倍率的限制。速度倍率的范围为 1%~100%。

在移动速度中指定的单位,根据运动指令所示教的运动类型不同而不同,所示教的移动速度不可超出工业机器人的允许值。在示教速度不匹配的情况下,系统会发出报警。

3. 关节运动速度指定值

在运动类型为关节运动的情况下,按如下方式指定速度。

(1)在 1%~100% 的范围内指定相对最大移动速度的比率。

(2)单位为 sec 时,在 0.1~3 200 s 范围内指定移动所需时间。移动时间在较为重要的情况下进行指定。此外,有的情况下不能按照指定时间进行运动。

(3)单位为 msec 时,在 1~32 000 ms 范围内指定移动所需时间。

4. 直线或圆弧运动速度指定值

在运动类型为直线运动或圆弧运动的情况下,按如下方式指定速度。

(1)单位为 mm/sec 时,在 1~2 000 mm/s 范围内指定。

(2)单位为 cm/min 时,在 1~12 000 cm/s 范围内指定。

(3)单位为 inch/min 时,在 0.1~4 724.4 in/min 范围内指定。

(4)单位为 sec 时,在 0.1~3 200 s 范围内指定移动所需时间。

(5)单位为 msec 时,在 1~32 000 ms 范围内指定移动所需时间。

5. 工具尖点附加旋转移动速度指定值

在工具尖点附近旋转移动的情况下,按如下方式指定速度。

(1)单位为 deg/sec 时,在 1~272 deg/s 范围内指定。

(2)单位为 sec 时,在 0.1~3 200 s 范围内指定移动所需时间。

(3)单位为 msec 时,在 1~32 000 ms 范围内指定移动所需时间。

4.2.4 定位类型

定位类型定义运动指令中的工业机器人的运动结束方法。定位类型有 FINE 和 CNT 两种。

1.FINE 定位类型

J P[i] 50% FINE

根据 FINE 定位类型，工业机器人在目标位置停止（定位）后，向下一个目标位置移动。

2.CNT 定位类型

J P[i] 50% CNT50

根据 CNT 定位类型，工业机器人靠近目标位置，但是不在该位置停止，而向下一个位置运动。工业机器人靠近目标位置到什么程度，由 0~100 的值来定义。指定 0（零）时，工业机器人在最靠近目标位置处运动，但是不在目标位置定位而开始下一个运动。指定 100 时，工业机器人在目标位置附近不减速，而马上向下一个点开始运动，并通过最远目标位置的点。

注意：

（1）在指定了 CNT 的运动语句等编程待命指令的情况下，工业机器人在目标位置停止，执行该指令；

（2）在 CNT 方式下连续执行距离短而速度快的多个运动的情况下，即使 CNT 的值为 100，也会导致工业机器人减速，如图 4-16 所示。

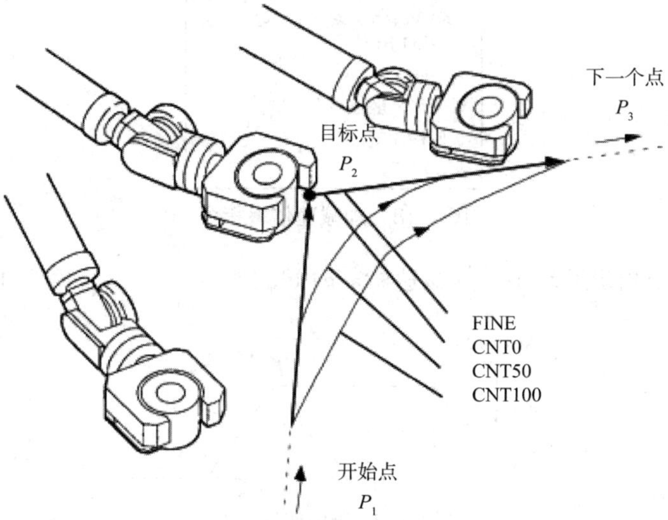

图 4-16　CNT 定位类型下的机器人动作

4.2.5　运动附加指令

运动附加指令是在工业机器人运动中使其执行特定作业的指令。运动附加指令有加减速倍率指令（ACC）、跳过指令（Skip，LBL[i]）、位置补偿指令（Offset）、直接位置补偿指令（Offset，PR[i]）、工具补偿指令（Tool_Offset）、直接工具补偿指令（Tool_Offset，PR[i]）、增量指令（INC）、路径指令（PTH）、预先执行指令（TIME BEFORE/TIME AFTER）。

进行运动附加指令的示教，将光标指向运动指令后，按【F4】—【CHOICE】（选择）键，弹出运动附加指令界面，选择所需的运动附加指令，操作如图 4-17 所示。

动作修改 1
1 无选项
2 腕关节
3 ACC
4 Skip,LBL[]
5 中断
6 偏移 / 坐标系
7 偏移，PR[]
8 -- 下页 --

动作修改 2
1 增量
2 工具偏移
3 Tool_Offset,PR
4 独立 EV
5 同步 EV
6 之前时间
7 Skip,LBL,PR
8 -- 下页 --

动作修改 3
1 之后时间
2 之前距离
3 路径
4
5
6
7
8 -- 下页 --

图 4-17 动作修改

1. 加减速倍率指令

J P[1] 50% FINE ACC80

将光标指向运动指令后，按【F4】—【CHOICE】(选择)键，弹出运动附加指令，选择【3 ACC】，如图 4-18 所示。

动作修改 1
1 无选项
2 腕关节
3 ACC
4 Skip,LBL[]
5 中断
6 偏移 / 坐标系
7 偏移，PR[]
8 -- 下页 --

图 4-18 加减速倍率指令

加减速倍率指令指定运动中的加减速所需时间的比率。加减速倍率曲线如图 4-19 所示。

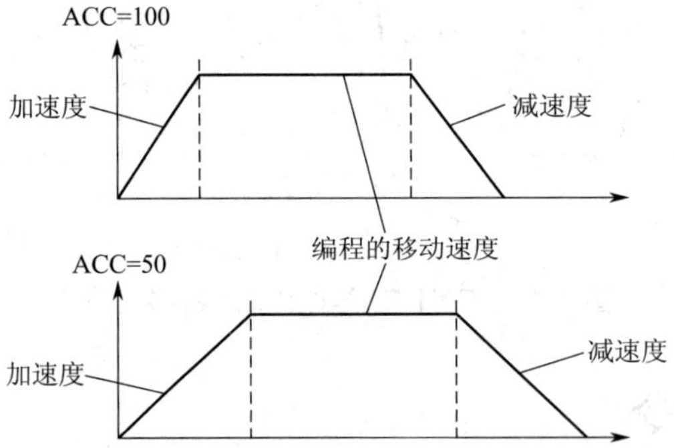

图 4-19 加减速倍率曲线

减小加减速倍率时，加减速时间会延长(缓慢进行加速 / 减速)。例如，希望进行舀热水等有潜在危险运动的情况，使用不足 100% 的值。

增大加减速倍率时，加减速时间会缩短(快速进行加速 / 减速)。例如，感到运动非常慢的部分，或者需缩短生产时间时，使用比 100% 大的值。

通过加减速倍率，可以使工业机器人从开始位置到目标位置的移动时间缩短或者延长。

加减速倍率值为 0%~150%，加减速倍率被编程在目标位置。

注意：加速度倍率设定为 100% 以上的值时，有时会引起不灵活的运动和振动。一次电源瞬间有大的电流流过，所以根据设备电源容量，可能会导致输入电压下降，发出电源报警，或误差过大、伺服放大器的电压下降等伺服报警。发现这些现象时，应调低加减速倍率值或删除加减速倍率指令。

2. 位置补偿指令

Offset，PR[2]（UFRAME [1]）

J P[1] 50% FINE Offset

将光标指向运动指令后，按【F4】—【CHOICE】（选择）键，弹出运动附加指令界面，选择【5 Offset】，如图 4-20 所示。

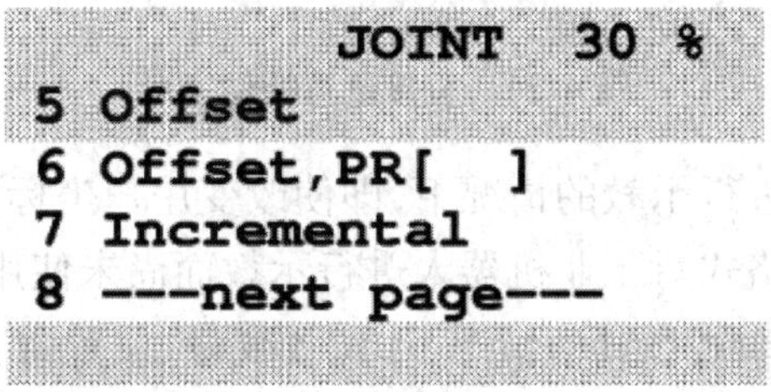

图 4-20　位置补偿指令

位置补偿指令，在位置数据中所记录的目标位置，使工业机器人移动到仅偏移位置补偿条件中所指定的补偿量后的位置。偏移的条件由位置补偿条件指令指定。

位置补偿条件指令，预先指定位置补偿指令中所使用的位置补偿条件。位置补偿条件指令必须在执行位置补偿指令前执行。曾被指定的位置补偿条件，在程序执行结束后，或者执行下一个位置补偿条件指令前有效。

位置补偿条件指定如下要素：

（1）位置寄存器指定偏移的方向和偏移量；

（2）位置数据为关节坐标值的情况下，指定使用关节的偏移量；

（3）位置数据为直角坐标值的情况下，指定作为基准的用户坐标系。

3. 直接位置补偿指令

J P[1] 50% FINE Offset，PR[2]

将光标指向运动指令后，按【F4】—【CHOICE】（选择）键，弹出运动附加指令界面，选择【6 偏移 / 坐标系】，如图 4-20 所示。

直接位置补偿指令，忽略位置补偿条件指令中所指定的位置补偿条件，按照直接指定的位置寄存器值进行偏移。作为基准的坐标系，使用当前所选的用户坐标系编号，如图 4-21 所示。

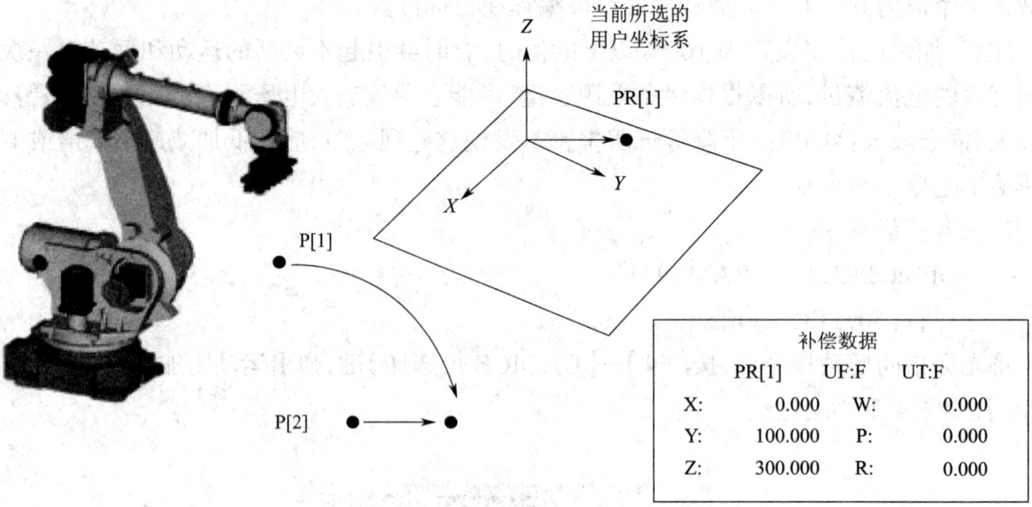

图 4-21 直接位置补偿指令

注意:通过关节坐标系进行示教的情况下,即使改变用户坐标系,对位置变量、位置寄存器都没有影响;以直角坐标系格式对工业机器人进行示教而尚未使用用户坐标系输入选项时,位置变量对用户坐标系没有影响,在其他情况下,位置变量、位置寄存器都会受到用户坐标系的影响。

4. 工具补偿指令

TOOL_OFFSET_CONDITION PR[2]

(UTOOL[1])

J P[1] 50% FINE Tool_Offset

将光标指向运动指令后,按【F4】—【CHOICE】(选择)键,弹出运动附加指令界面,选择工具补偿指令。

工具补偿条件指令,预先指定工具补偿指令中所使用的位置补偿条件。工具补偿条件指令必须在执行工具补偿指令之前执行。曾被指定的工具补偿条件,在程序执行结束或者执行下一个工具补偿条件指令之前有效。

工具补偿条件指定如下要素;

(1)位置寄存器指定偏移的方向和偏移量;

(2)补偿时使用工具坐标系;

(3)在没有指定工具坐标系编号的情况下,使用当前所选的工具坐标系编号。

5. 直接工具补偿指令

J P[1] 50% FINE Tool_Offset, PR[2]

将光标指向运动指令后,按【F4】—【CHOICE】(选择)键,弹出运动附加指令界面,选择【6 Tool_offset,PR】,如图 4-22 所示。

动作修改　2
1 增量
2 工具偏移
3 Tool_Offset,PR
4 独立 EV
5 同步 EV
6 之前时间
7 Skip,LBL,PR
8 -- 下页 --

图 4-22　直接工具补偿指令

直接工具补偿指令，忽略工具补偿条件指令中所指定的工具补偿条件，按照直接指定的位置寄存器值进行偏移。作为基准的坐标系，使用当前所选的工具坐标系编号，如图 4-23 所示。

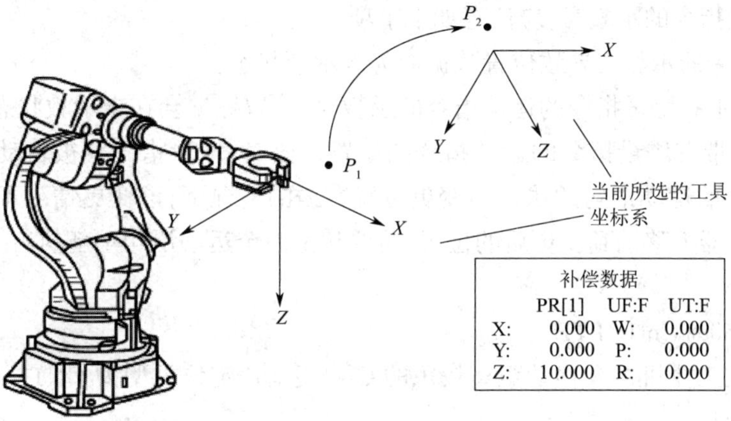

图 4-23　直接工具补偿数据

6. 增量指令

J P[1] 50% FINE INC

增量指令将位置数据中所记录的值作为来自当前位置的增量移动量而使工业机器人移动。这意味着位置数据中已经记录来自当前位置的增量移动量。

增量条件通过如下要素来指定。

（1）位置数据为关节坐标值的情况下，使用关节的增量值。

（2）位置数据中使用位置变量（P[ ]）的情况下，作为基准的用户坐标系，使用位置数据中所指定的用户坐标系编号。但是，系统要进行坐标系的核实（直角坐标系）。

（3）位置数据中使用位置寄存器的情况下，作为基准的用户坐标系，使用当前所选的用户坐标系，如图 4-24 所示。

（4）在合用位置补偿指令和工具补偿指令的情况下，运动语句中的位置数据的数据格式和补偿用的位置寄存器的数据格式应当一致。此时，补偿量作为所指定的增量值的补偿量使用。

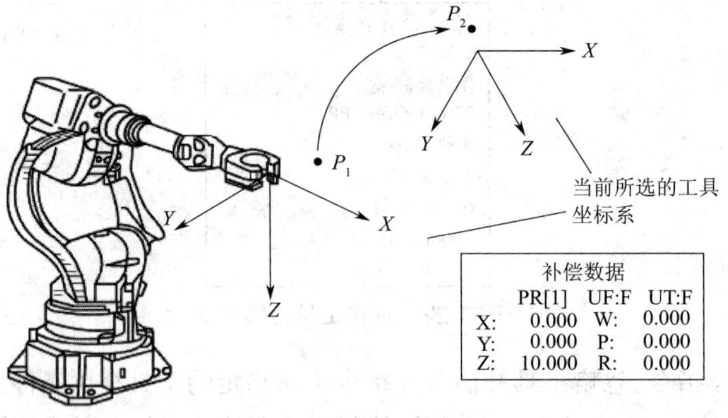

图 4-24 增量指令

在进行增量指令的示教时，应注意如下事项。

（1）增量指令的示教会导致位置数据成为未示教状态。

（2）在进行带有增量指令的运动指令的示教时，位置数据会在未示教状态下被示教。

（3）在进行带有增量指令的运动指令的位置修改时，增量指令会被自动删除。在中断附加在增量指令上的运动语句的执行而变更位置数据的情况下，该变更情况不会被马上反映出来。要使工业机器人移动到变更后的位置，需要从上一个运动语句重新执行。

7. 路径指令

J P[1] 50% Cnt10 PTH

路径指令在工业机器人移动距离较短的 CNT 运动（定位类型为 CNT1~CNT100 的动作）中提高运动性能。

在工业机器人移动距离较短的运动中，由于与加减速所需时间之间的关系，工业机器人的速度实际上并不能提高到运动语句中所指定的指令速度。因此，定位类型为“FINE”的运动语句中，不是基于指令速度，而是基于工业机器人实际上能够到达的“到达允许速度”制订运动计划（“运动计划”是指在工业机器人的实际运动之前计算工业机器人的移动路径）。

通过使用路径指令，即可进行使用 CNT 运动的“到达允许速度”的运动计划。通过本功能，可进行相对通常的处理（使用了指令速度的 CNT 运动的运动计划）：

（1）提高循环时间；

（2）提高轨迹精度。

此外，工业机器人的移动距离越短，CNT 值越小（“CNTn”的“n”值越小），效果越明显。但是，在下列情况下，使用路径指令功能，反而会使循环时间变长，所以在使用路径指令功能时，应事先确认效果：

（1）运动语句的 CNT 值较大的情形；

（2）运动语句的移动距离较长的情形；

（3）CNT 运动语句连续的情形。

注意：在附加路径指令的运动指令中，有时会引起不平稳的运动和振动。在附加路径指令的运动指令引起振动的情况下，应删除路径运动附加指令。

任务三　指令编辑

机器人应用程序由用户编写的一系列机器人指令以及其附带信息构成，使机器人完成特定的作业任务。这些指令组成了若干个任务程序来完成机器人的作业成果，所以掌握相关指令的编辑工作至关重要。本任务主要讲解空白行的插入以及指令的删除、复制、粘贴、插入等。

4.3.1　空白行的插入

插入空白行(Insert)步骤如下：

(1)进入编辑界面；

(2)移动光标到所需要插入空白行的位置(空白行插在光标行之前)；

(3)按【F5】键，即【EDCMD】(编辑)；

(4)移动光标到【Insert】(插入)项，并按【ENTER】(回车)键确认，如图 4-25(a)所示；

(5)界面下方出现“How many line to insert?”(要插入几行?)，用数字键输入需要插入的行数(如插入 2 行)，并按【ENTER】(回车)键确认，如图 4-25(b)所示。

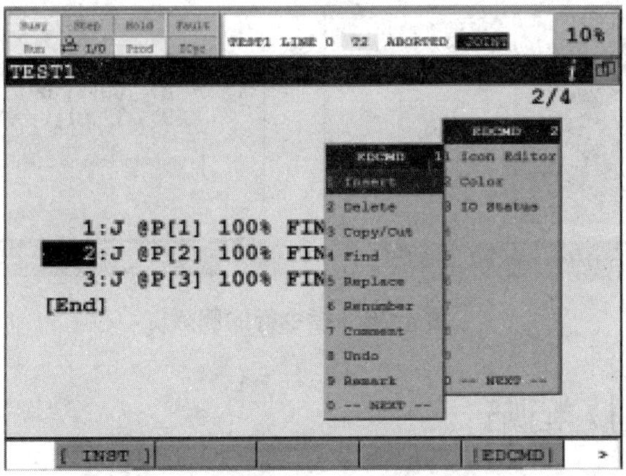

(a)Insert 插入空白行

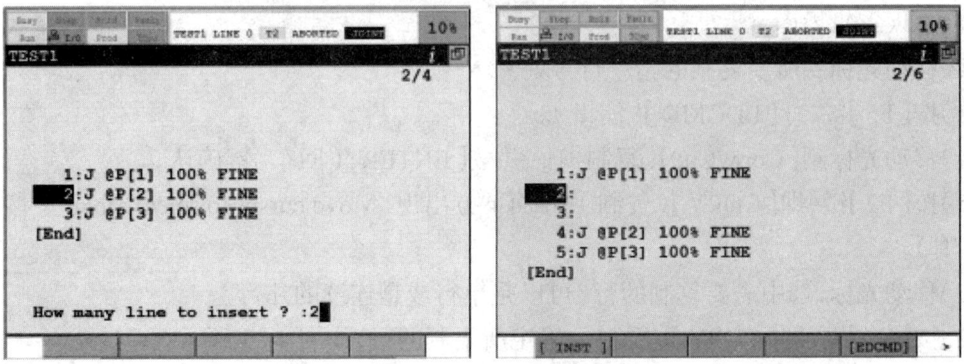

(b)插入 2 行空白行

图 4-25　空白行的插入

4.3.2 指令的删除

删除指令行（Delete）步骤如下：

（1）进入编辑界面；

（2）移动光标到所要删除的指令行号处；

（3）按【F5】键，即【EDCMD】（编辑）；

（4）移动光标到【Delete】（删除）项，并按【ENTER】（回车）键确认。

（5）界面下方出现“Delete line（s）?”（确定删除行吗?），移动光标，选中需要删除的行（可以是单行或是连续的几行）；

（6）按【F4】键，即【YES】（是），即可删除所选行，如图 4-26 所示。

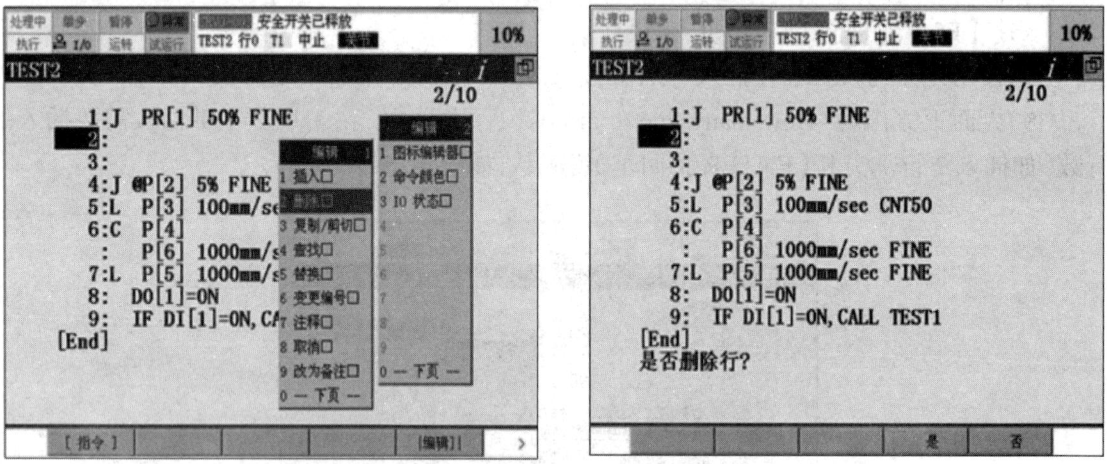

图 4-26 指令行的删除

4.3.3 指令的复制 / 粘贴

1. 复制（Copy）步骤

（1）进入编辑界面。

（2）移动光标到所要复制的指令行号处。

（3）按【F5】键，即【EDCMD】（编辑）。

（4）移动光标到【Copy/Cut】（复制）项，并按【ENTER】（回车）键确认。

（5）按【F2】键，即【COPY】（复制），界面下方出现“Move cursor to select range”（移动光标选择范围）。

（6）移动光标，选中需要复制的行（可以是单行或是连续的几行）。

（7）按【F2】键，即【COPY】（复制），确定所复制的行，如图 4-27 所示。

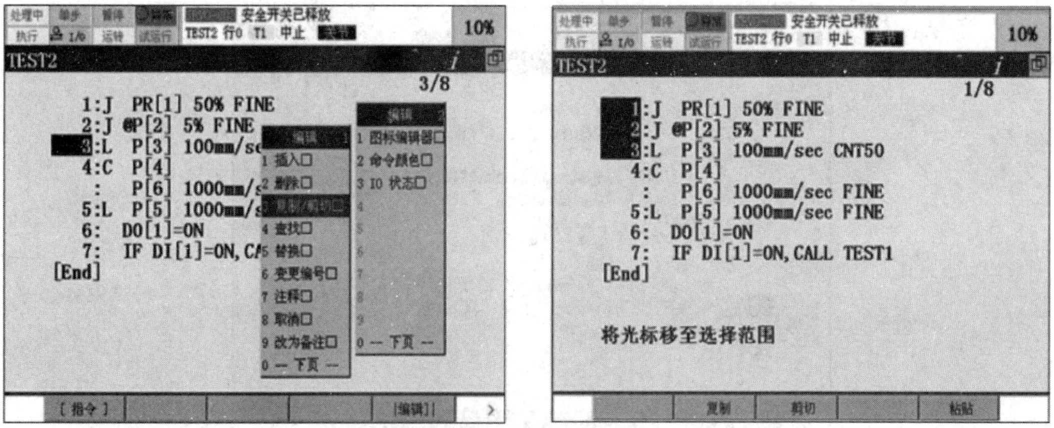

图 4-27　指令行的复制

2. 粘贴(PASTE)步骤

(1)进入编辑界面。

(2)移动光标到所需要粘贴的指令行号处(插入式粘贴,不需要先插入空白行)。

(3)按【F5】键,即【EDCMD】(编辑)。

(4)移动光标到【Copy/Cut】(复制)项,并按【ENTER】(回车)键确认。

(5)按【F5】键,即【PASTE】(粘贴),界面下方出现“Paste before this line?”(粘贴在该行之前?),如图 4-28(a)所示。

(6)选择合适的粘贴方式进行粘贴。

粘贴方式有以下几种。

(1)LOGIC(逻辑):不粘贴位置信息。

(2)POS-ID(位置号码):粘贴位置信息和位置号,如图 4-28(b)所示。

(3)POSITION(位置资料):粘贴位置信息并生成新的位置号,如图 4-28(c)所示。

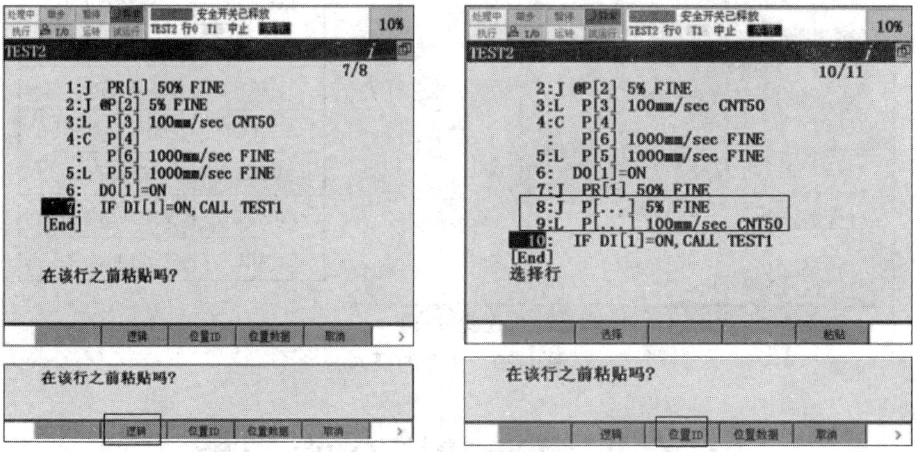

(a)确定粘贴位置　　(b)粘贴位置编号

图 4-28　指令行的粘贴

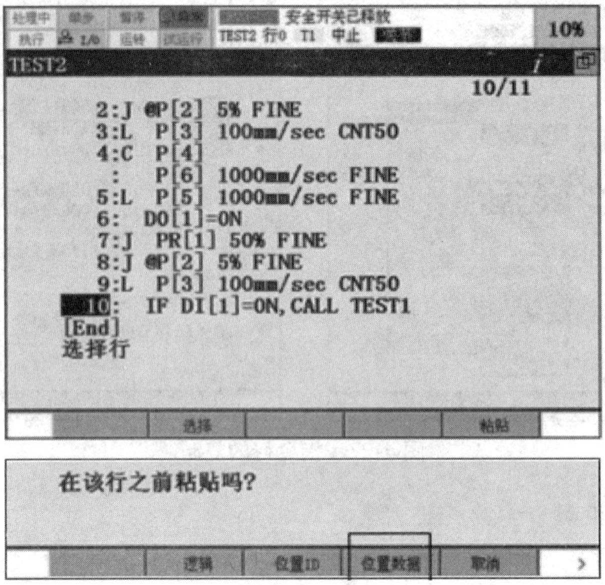

(c)粘贴位置数据

图 4-28 指令行的粘贴(续)

4.3.4 指令的插入

指令的插入(INST)步骤如下:

(1)进入编辑界面;

(2)按【F1】键,即【INST】(指令),如图 4-29 所示;

(3)通过光标选择,然后按【ENTER】(回车)键确认即可。

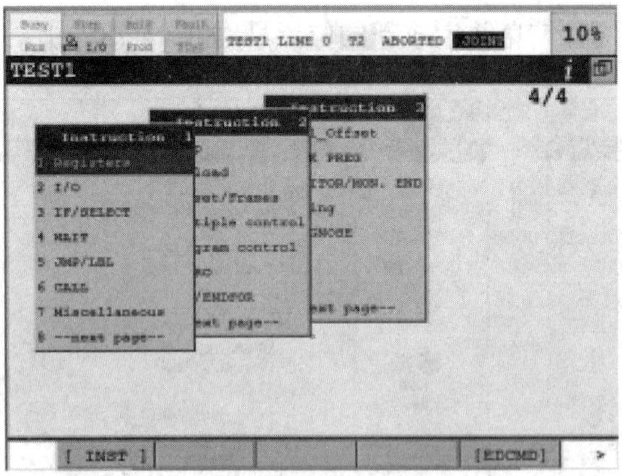

Registers	寄存器指令
I/O	I/O 指令
IF	条件指令
SELECT	条件选择指令
WAIT	等待指令
JMP/LBL	跳转 / 标签指令
CALL	呼叫指令

图 4-29 指令的插入

任务四 运动指令的示教

要示教动作指令,需创建标准指令语句后予以选择。此时,将现在位置作为位置资料存储在位置变量中。

按下【F1】键，显示所记录的标准指令语句一览，从中选择适当的指令语句后进行示教。

按下【SHIFT】+【F1】键，反复示教上次示教的标准指令语句。

按下【F1】键，图 4-30 中“点”以显示标准动作指令语句一览。

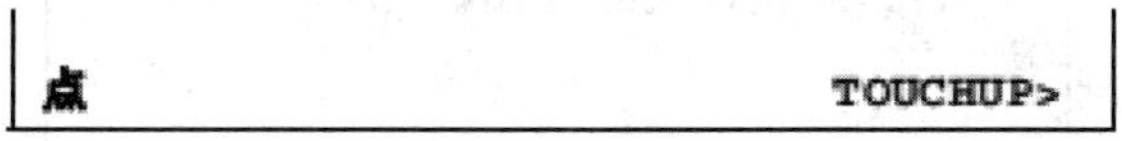

图 4-30　显示标准动作指令

在进行位置示教的阶段，检查试图示教的位置是不是机器人的特异点（有关特异点），也可以通过用户的选择以关节格式对位置进行示教（特异点检查功能）。

4.4.1　动作指令的示教步骤

示教动作指令的步骤如下：

（1）使机器人点动 G 进给到希望对动作指令进行示教的工件场所；

（2）将光标指向“End”（结束），如图 4-31 所示；

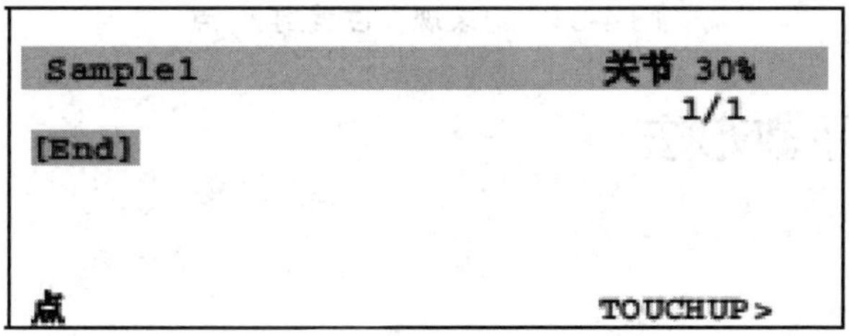

图 4-31　光标指向 END

（3）按下【F1】“点”，显示标准动作指令一览，如图 4-32 所示；

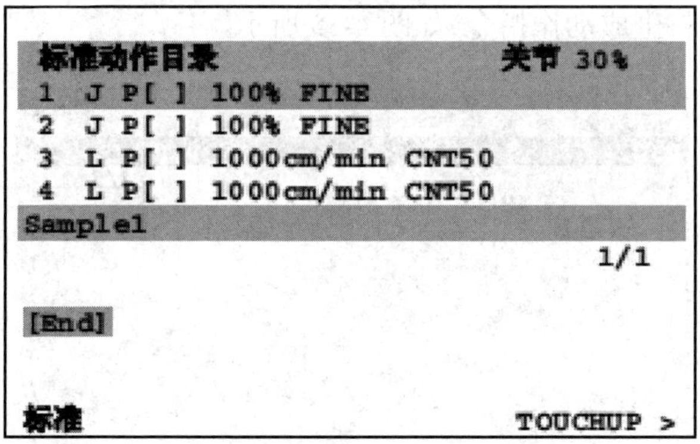

图 4-32　显示标准动作指令

（4）选择希望示教的标准动作指令，按下【ENTER】键，对动作指令进行示教，同时对现在位置进行示教，如图 4-33 所示；

（5）有关希望在程序中进行示教的动作指令，反复执行步骤（2）到步骤（4）的操作；

（6）反复示教相同的标准动作指令时，按住【SHIFT】键的同时按下【F1】“点”，追加上次所示教的动作指令，如图 4-34 所示。

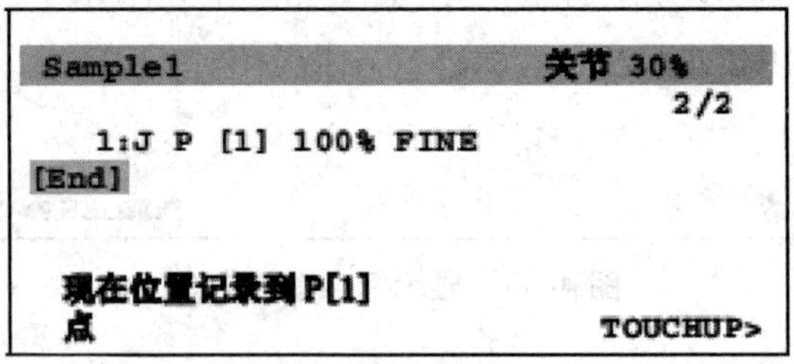

图 4-33 记录现在位置到 P_1 点

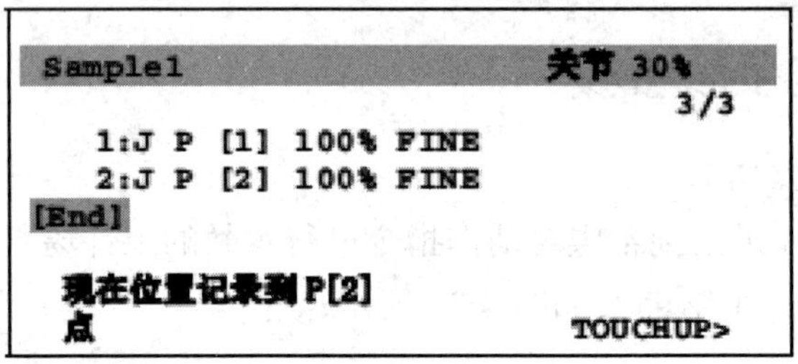

图 4-34 记录现在位置到 P_2 点

4.4.2 动作指令示教方法

1. 示教方法一

主要步骤如下：

（1）将工业机器人 TP 开关打到开（ON）状态；

（2）移动工业机器人到所需位置；

（3）按住“点”（【SHIFT】键 +F1【POINT】）键；

（4）编辑界面内容将生成动作指令，如图 4-35 所示。

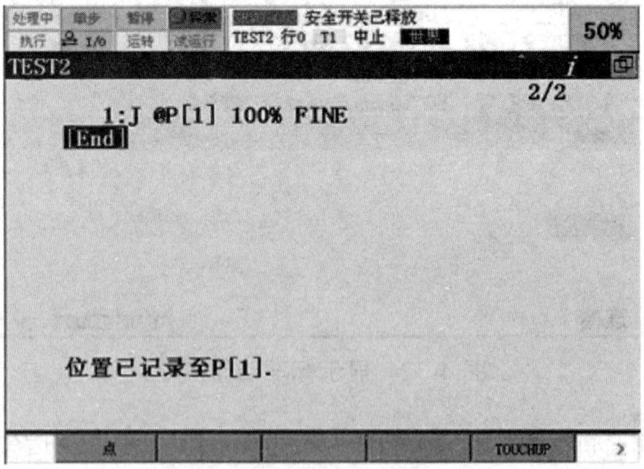

图 4-35 示教方法一

2. 示教方法二

主要步骤如下：

（1）进入编辑界面，按“点”（F1【POINT】）键；

（2）移动光标选择合适的动作指令格式，按【ENTER】键确认生成动作指令，将当前工业机器人的位置记录下来。

注意：若在步骤中找不到需要的动作指令格式，可按标准【F1】进行标准指令模板的设定，如图 4-36 所示。

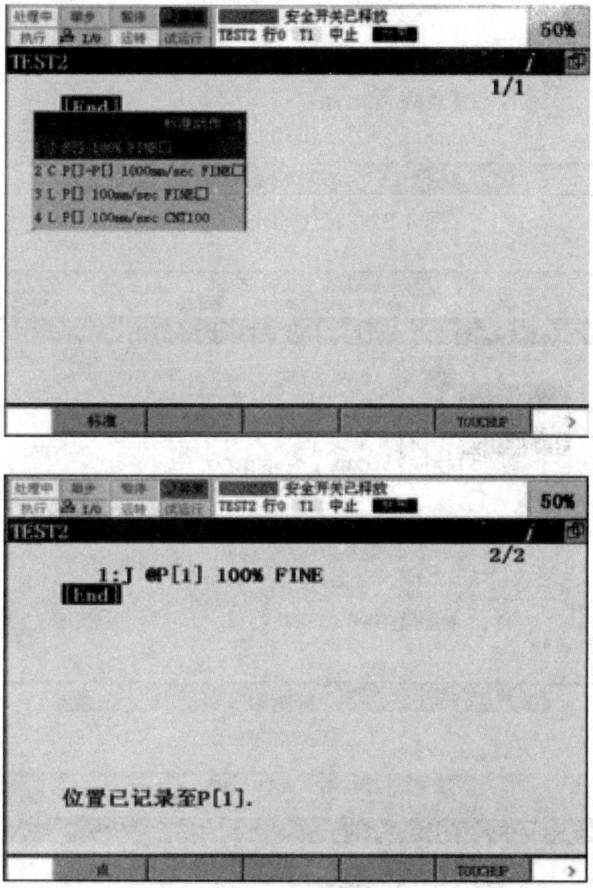

图 4-36　示教方法二

4.4.3　动作指令的示教内容

1. 修改标准动作指令

在示教上一步记录位置点时，可以对标准动作指令进行修改，操作步骤如下：

（1）在编辑界面下，按【F1】（标准）键，显示标准动作指令，如图 4-37 所示；

（2）按【F1】（标准）键，修改动作类型，如图 4-38（a）所示；

（3）移动光标至需要修改的项，按【F4】（选择）键，进行参数的修改，如图 4-38（b）所示，或者用数字键输入数值进行修改，如图 4-38（c）所示；

（4）修改完成后按【F5】（完成）键，确认修改，并退出修改界面；

（5）下次记录位置点时所显示的标准动作指令就是这次所修改的指令，如图 4-38（d）所示。

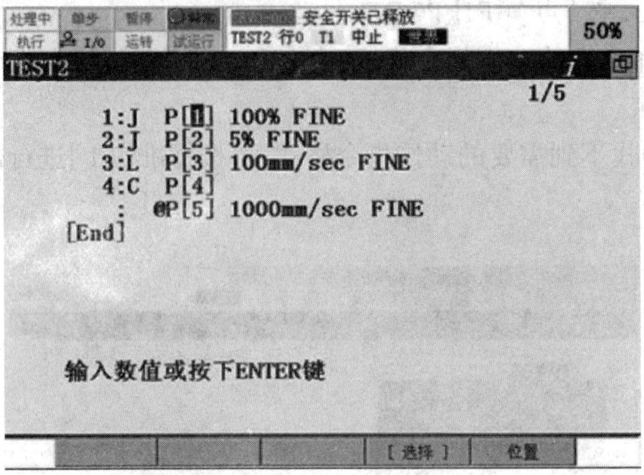

图 4-37　标注动作设置界面

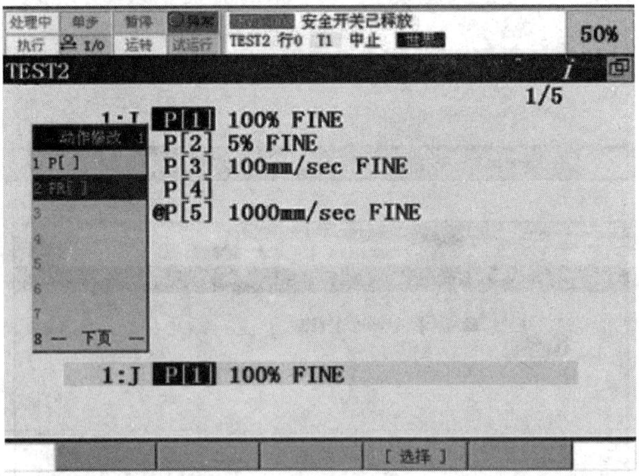

（a）修改动作类型

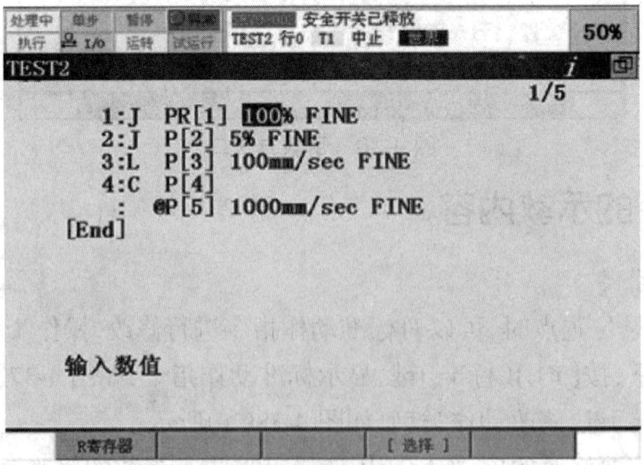

（b）参数修改

图 4-38　修改动作类型

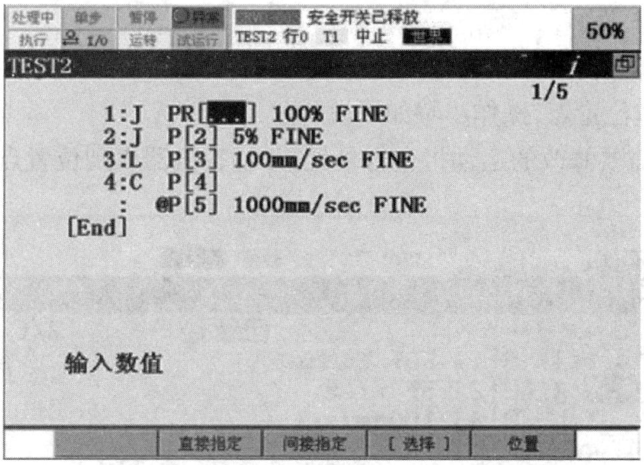

（c）数字键输入数值进行修改

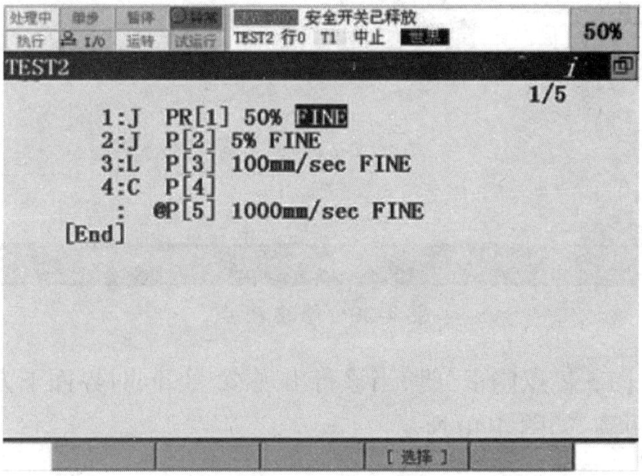

（d）本次修改的指令

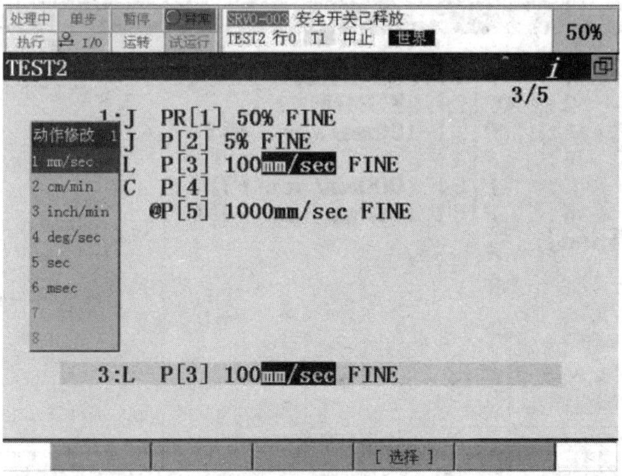

（e）动作修改速度与单位

图 4-38　修改动作类型（续）

2. 修改位置点

在编写运动指令时，对位置点进行修改，操作步骤如下。

方法一：重新示教位置点，操作步骤如下。

（1）移动光标至需要修改的运动指令行号处，并示教机器人到位置点，如图 4-39 所示。

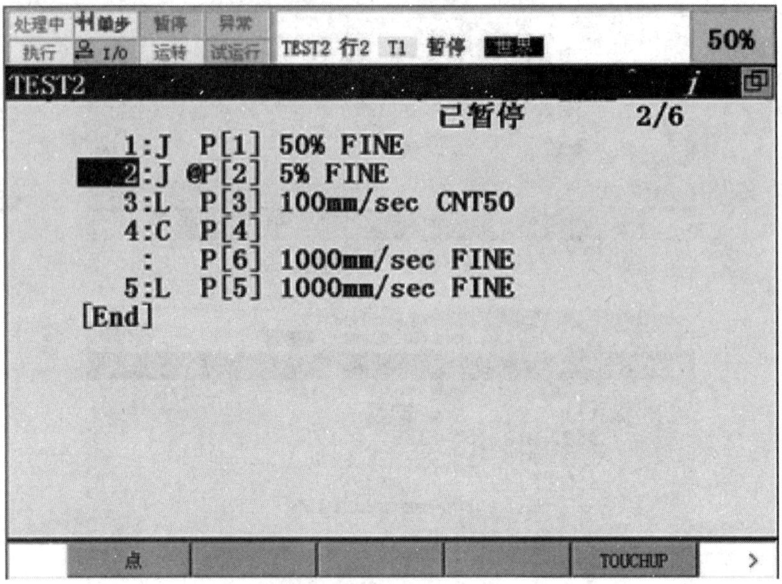

图 4-39 修改 P_2 点

（2）按【SHIFT】+【F5】（点修正）键，当该行出现 @ 号，同时界面下方出现“位置已记录到 P[2]”时，位置信息已更新，如图 4-40 所示。

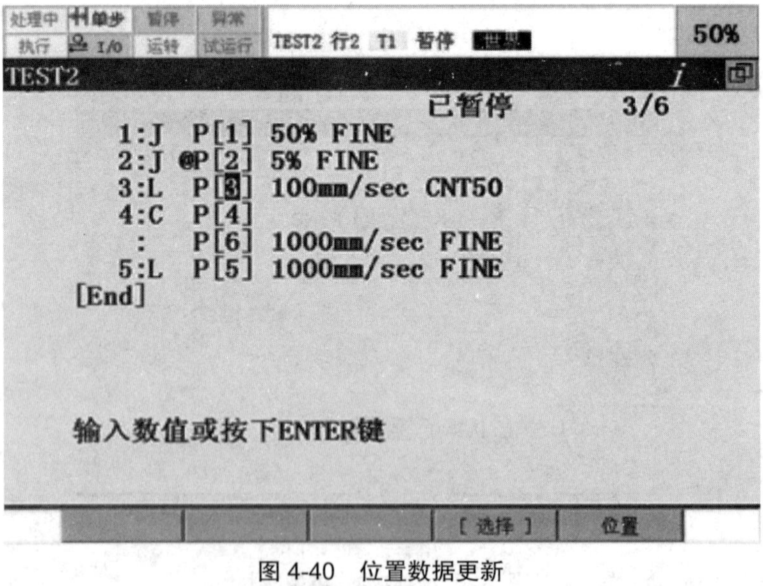

图 4-40 位置数据更新

方法二：直接写入数据修改位置点，操作步骤如下。

（1）移动光标至需要修改的位置点处，

（2）按【F5】（位置）键，显示位置数据，如图 4-40 所示。

（3）位置数据可以以直角或关节的方式显示，可通过【F5】键进行切换，输入需要的新数据，如图 4-41 所示。

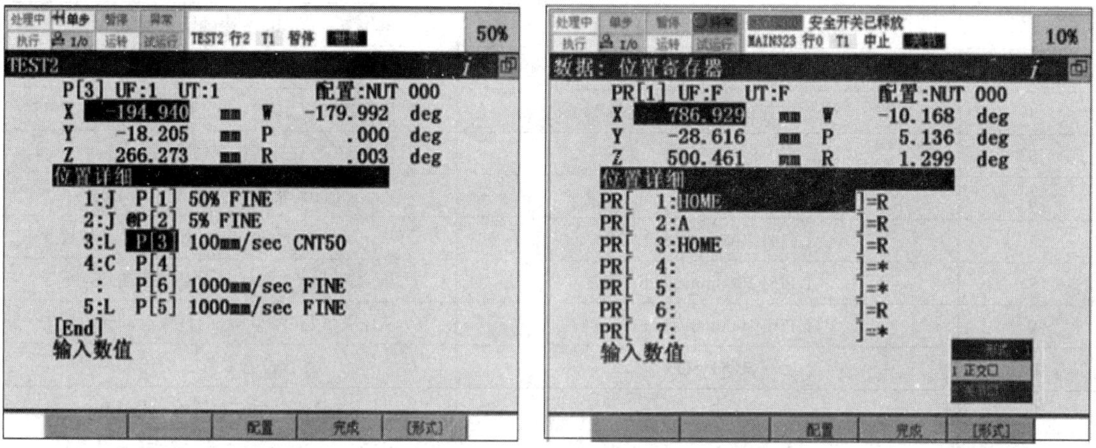

图 4-41　显示位置数据

（4）修改完成后，按【F4】（完成）键。

实操一　运动控制指令的实训

通过相关运动指令知识点的学习以及程序、指令编辑的学习，通过具体的实训项目深入理解其内涵，从而充分掌握机器人的运动指令、点位示教及其程序编写与调试。

如图 4-42 所示，根据标定的运动轨迹路线，用相关的运动指令编写程序以实现工件的搬运，其中运动类型：1→2、7→1 为关节运动（任意运动）；2→3、3→4、4→5、5→6、6→7 为直线运动；7 个点位置可以不在同一平面。

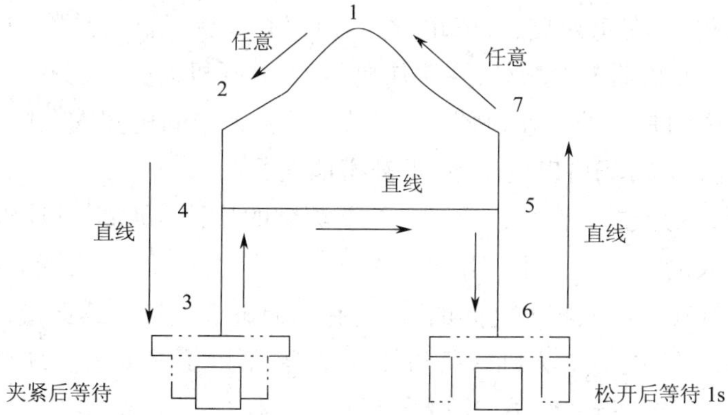

图 4-42　工件搬运

具体程序见表 4-1。

表 4-1 具体程序表

程序行	指令	注释
1	J P[1] 100% FINE	从其他位置以 100% 速度任意运动到位置 1
2	J P[2] 100% FINE	从位置 1 以 100% 速度任意运动到位置 2
3	RO[1]=ON	在位置 2 气缸松开
4	L P[3] 1000mm/sec FINE	从位置 2 以 1000 mm/s 直线运动到位置 3
5	RO[1]=OFF	在位置 3 气缸夹紧
6	WAIT 1.0 sec	气缸夹紧后在位置 3 等待 1.0 s
7	L P[4] 2000mm/sec FINE	从位置 3 以 2000 mm/s 直线运动到位置 4
8	L P[5] 2000mm/sec FINE	从位置 4 以 2000 mm/s 直线运动到位置 5
9	L P[6] 1000mm/sec FINE	从位置 5 以 1000 mm/s 直线运动到位置 6
10	RO[1]=ON	在位置 6 气缸松开
11	WAIT 1.0 sec	气缸松开后在位置 6 等待 1.0 s
12	L P[7] 2000mm/sec FINE	从位置 6 以 2000 mm/s 直线运动到位置 7
13	RO[1]=OFF	在位置 7 气缸夹紧
14	J P[1] 100% FINE	从位置 7 以 100% 速度任意运动到位置 1
15	[END]	程序结束

拓展阅读

十年踪迹，为中国机器人的未来共同奔赴

从刚开始创建的国内第一条机器人生产线，到如今埃夫特已经是中国机器人产业联盟副主席单位，中国机电一体化技术应用协会智能机器人分会副理事长单位，中国智能制造百强企业，中国工业机器人行业第一梯队企业。

值得欣喜的是，在这十年间，除埃夫特外，中国机器人品牌如雨后春笋一般遍地生长，除传统的老工业基地东北外，在京津冀、长三角、珠三角都有不少机器人品牌创立与发展。并且这些品牌除涉足传统工业机器人领域外，在协作机器人、并联机器人、服务机器人、核心零部件上也都有投入研发。中国是全球工业机器人最大的市场，中国的机器人品牌以其旺盛的生命力与创新性，让中国机器人市场可以更高效、更健康地发展。

2011—2021 年，岁月在每个人身上都留下了深刻的痕迹。回顾当时初创团队的十多人，如今都在中国机器人的大江大河里闯出了一片天。十年之后，有的人继续在一线从事研发工作，不断突破瓶颈，打破机器人与人之间的障碍；有的人进入高校继续深造，在象牙塔里教育了一批批机器人领域的人才；有的人则转行机器人销售，帮助更多的人实现自动化，满足企业的自动化需求；而有的人转战行业媒体，让更多人了解机器人、认识机器人、爱上机器人。聚是一团火，散是满天星，不论身处何时何地，这些人依旧都在为中国的机器人事业贡献着自己的

心力。

十年的时间,说长不长,在历史的长河中也就只是一瞬间;说短也不短,它足以改变很多人与很多事。回顾国内首条自主品牌机器人生产线的创建历程,让我们知道了中国机器人起步之时的艰难,也让我们了解了国内机器人从业者们的坚守。初心易得,始终难守;不忘初心,方得始终。正是前人的付出,才有中国机器人今天的成就,而中国机器人的未来,也正在我们这些业内从业者们的脚下,共同奔赴。

工业史记

机器人已经进入太空,从月球上的着陆器到火星上的漫游者等,机器人是太空探索的完美候选者,因为它们可以承受极端环境,同时以完全相同的方式持续重复相同的任务而不会感到疲倦。就像地球上的机器人一样,它们既可以完成危险的工作,也可以完成平凡的工作,从太空行走到抛光航天器的表面。

思考与练习

(1)机器人动作类型有哪些?

(2)机器人运动附加指令有哪些?

(3)机器人程序命名的原则有哪些?

项目五　发那科工业机器人非运动指令示教

思政导入

2021 年，我国集成电路产量 3 594 亿块，出口集成电路 3 107 亿块，同比增长了 19.6%。谷歌前 CEO 施密特甚至称，到了 2025 年，中国或将成为全球最大芯片产地。

2019 年 10 月，国家大基金二期注册成立，注册资本 2 041.5 亿元，其投资方向之一就是光刻机等核心设备及关键零部件。

2020 年 8 月 4 日，国务院印发了《新时期促进集成电路产业和软件产业高质量发展若干政策》，对进口掩模版等制造光刻机所需要的原材料实施免征关税。

2021 年 2 月，全国集成电路标准化技术委员会成立，包括华为、小米、中芯国际、上海微电子、北大、清华等 90 家单位和学校，基本涵盖了我国集成电路产业链主要的企业、科研院所、高校。大家抱团取暖，进一步促进产业上下游对接。

国产光刻机产业也迎来突破。上海微电子披露，有望在 2022 年交付第一台 28 nm 工艺国产光刻机，尽管这和 7 nm、5 nm 仍隔着数代距离，但是差距已经大大缩小。

集成电路是信息技术产业的核心，是支撑经济社会发展和保障国家安全的战略性产业。发展集成电路已经上升至国家战略，这是新时代赋予我们的"芯"使命。总书记在二十大报告中指出："我们要坚持以推动高质量发展为主题，把实施扩大内需战略同深化供给侧结构性改革有机结合起来，增强国内大循环内生动力和可靠性，提升国际循环质量和水平，加快建设现代化经济体系，着力提高全要素生产率，着力提升产业链供应链韧性和安全水平，着力推进城乡融合和区域协调发展，推动经济实现质的有效提升和量的合理增长。"除此之外，总书记还指出："我们要坚持教育优先发展、科技自立自强、人才引领驱动，加快建设教育强国、科技强国、人才强国，坚持为党育人、为国育才，全面提高人才自主培养质量，着力造就拔尖创新人才，聚天下英才而用之。"培养集成电路各类人才是国家所向、产业急需。

知识目标

1. 掌握寄存器指令、位置寄存器指令、位置寄存器要素指令等数据格式、作用及应用方法。
2. 掌握 I/O 指令格式、作用及使用方法。
3. 掌握实现循环控制的标签指令 / 跳跃指令的指令格式及程序调用指令的指令格式、作用及使用方法。

技能目标

1. 能熟练示教寄存器指令、I/O 指令、动作附加指令、程序控制指令。
2. 能运用项目中学到的指令解决应用问题。
3. 能根据搬运工作站要求现场示教编程目标。

任务一　寄存器指令

寄存器指令是进行寄存器的算术运算的指令，寄存器指令的分类主要如下：

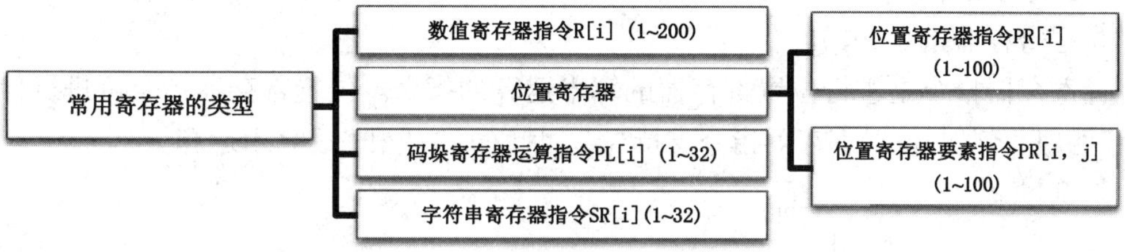

其中，i 表示寄存器的号码；j 表示位置寄存器的要素号码。

若需要对默认寄存器数量进行扩展，可在控制启动模式中按图 5-1 所示完成设置，即通过【PREV】+【NEXT】+ 重启控制柜进入控制启动（CTRLSTART）模式。

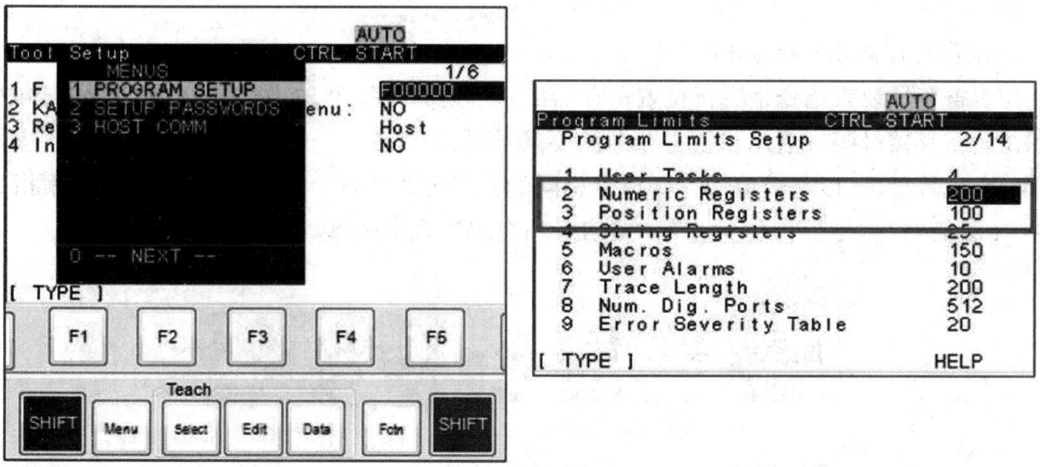

图 5-1　寄存器扩展操作

5.1.1　寄存器（Registers）

1. 数值寄存器指令 R[i]

数值寄存器指令是进行寄存器的算术运算的指令。数值寄存器指令支持“=”（赋值），“+”，“-”，“*”，“/”，“MOD”（两值相

微课：常用控制指令——寄存器指令

除后的余数)，“DIV”(两值相除后的整数)算术运算。在多项式中可以记述的算符最多为5个。算符“+”和“-”可以在相同行混合使用，“*”和“/”也可以混合使用，但是“+”“-”和“*”“/”则不可混合使用。

R[i]=
- Constant（常数）
- R[i]（寄存器的值）
- PR[i，j]（元素寄存器的值）
- I/O（信号的状态）
- Timer[i]（程序计时器的值）

例子：
R[1]=0
R[1]=R[1]+1
R[2]=DI[1]

2. 位置寄存器

1)位置寄存器指令PR[i]

位置寄存器指令是进行位置寄存器的算术运算的指令。位置寄存器指令可进行代入、加算、减算处理。例如，位置寄存器指令支持“=”(赋值)，“+”和“-”算术运算。

PR[i]=
- PR[i]
- P[i]
- LPOS（当前位置的直角坐标值）
- JPOS（当前位置的关节坐标值）
- UFRAME[i]（用户坐标系数i的值）
- UTOOL[i]（工具坐标系i的值）

例子：
PR[1]=LPOS
PR[1]=P[1]

2)位置寄存器要素指令PR[i,j]

位置寄存器要素指令是进行位置寄存器的算术运算的指令，如图5-2所示。PR[i,j]中的i表示位置寄存器号码，j表示位置寄存器的要素号码，见表5-1。位置寄存器要素指令可进行代入、加算、减算处理，以与数值寄存器指令相同的方式记述位置。例如，位置寄存器要素指令支持“=”(赋值)，“+”，“-”，“*”，“/”，“MOD”和“DIV”算术运算。

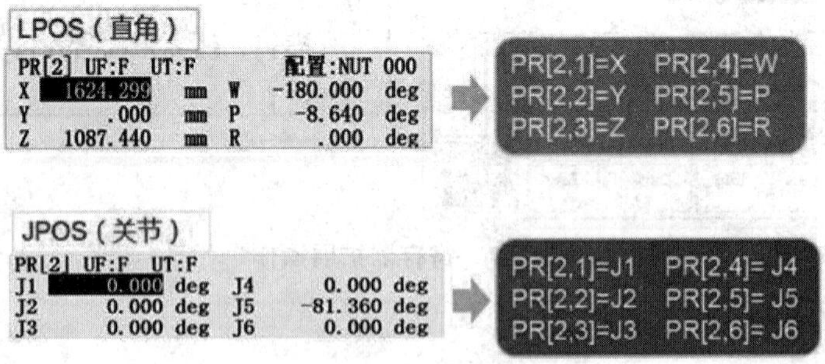

图5-2　位置寄存器要素指令

表 5-1　位置寄存器说明

	Lpos（直角坐标）	Jpos（关节坐标）
j=1	X	J1
j=2	Y	J2
j=3	Z	J3
j=4	W	J4
j=5	P	J5
j=6	R	J6

3. 码垛寄存器运算指令

码垛寄存器运算指令是进行码垛寄存器的算术运算的指令，如图 5-3 所示。码垛寄存器运算指令可进行代入、加法运算、减法运算处理，以与数值寄存器指令相同的方式记述。码垛寄存器要素是指定代入码垛寄存器或进行运算的要素。该要素的指定方式有以下 3 种。

（1）直接指定：直接指定数值。

（2）间接指定：通过 R[i] 的值予以指定。

（3）无指定：在没有必要变更要素的情况下不予指定。

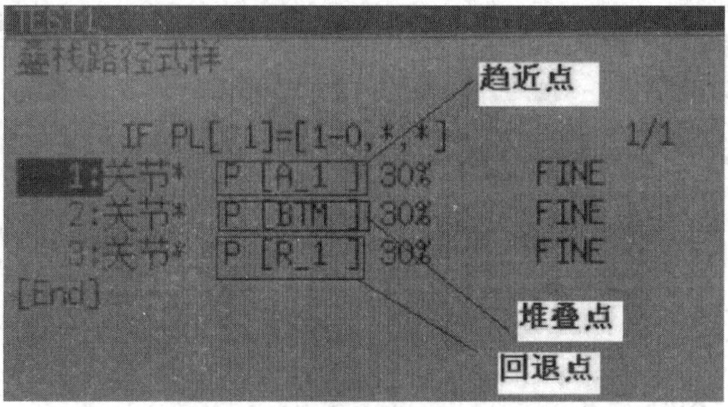

图 5-3　码垛寄存器运算指令

4. 字符串寄存器指令

字符串寄存器指令将字符串寄存器要素代入字符串寄存器，可从数值数据变换为字符串数据，小数以小数点以下 6 位数四舍五入，也可从字符串数据变换为数值数据，变换为字符串中出现字符前的数值。

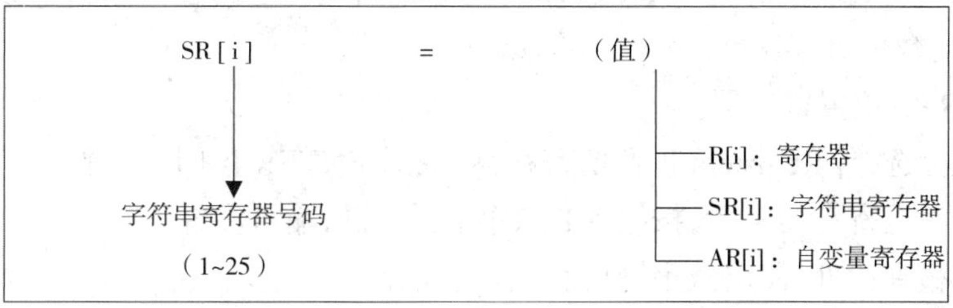

例 5-1

SR[i]=R[j]

R[j]=1234	SR[i]='1234'
R[j]=12.34	SR[i]='12.34'
R[j]=5.123456789	SR[i]='5.123457'

例 5-2

R[i] =SR[j]

SR[j]='1234'	R[i]=1234
SR[j]='12.34'	R[i]=12.34
SR[j]='765abc'	R[i]=765
SR[j]='abc'	R[i]=0

SR[i] =（值）（算符）（值）指令

将 2 个值结合起来，并将该运算结果代入字符串寄存器。数据类型在各运算中，依赖于算符左侧的值：

（1）左侧的值若是字符串数据，则将字符串相互结合起来；

（2）左侧的值若是数值数据，则进行算术运算；此时右侧的（值）若是字符串，最初出现字符之前的数值用于运算。

例 5-3

SR[i]=R[j]+SR[k]

R[i]=123.456	SR[k]='345.678'	SR[i]='469.134'
R[j]=456	SR[k]='1abc2'	SR[i]='457'

例 5-4

SR[i]=SR[j]+R[k]

SR[i]=123.'	R[k]=456	SR[i]='123.456'
SR[i]='def'	R[k]=81573	SR[i]='def81573'

5.1.2 查看寄存器值

1. 查看数值寄存器的值

（1）按【Data】键，再按【F1】—【TYPE】（类型），出现以下内容，如图 5-4 所示。

① Registers：数值寄存器。

② PositionReg：位置寄存器。

（2）移动光标选择【Registers】（数值寄存器），按【ENTER】（回车）键。

（3）把光标移至寄存器号后，按【ENTER】（回车）键，输入注释。

（4）把光标移到值处，使用数字键可直接修改数值。

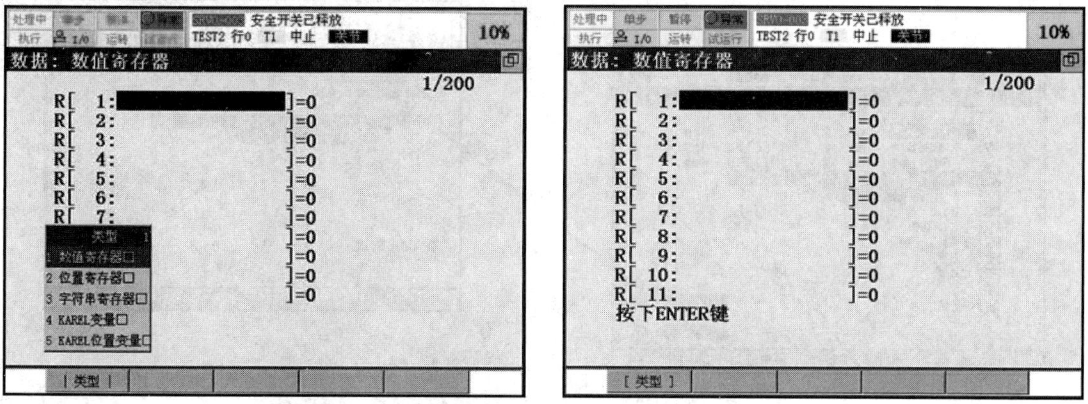

图 5-4　数值寄存器选择界面与数值寄存器

2. 查看位置寄存器的值

(1)按【Data】键,显示如图 5-5 所示内容。

(2)按【F1】—【TYPE】(类型),出现以下内容。

① Registers:数值寄存器。

② PositionReg:位置寄存器。

(3)移动光标选择【PositionReg】(位置寄存器),按【ENTER】(回车)键,如图 5-6 所示。

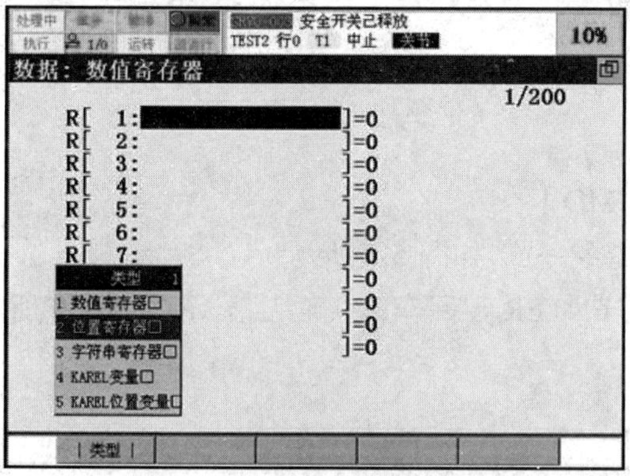

图 5-5　位置寄存器选择界面

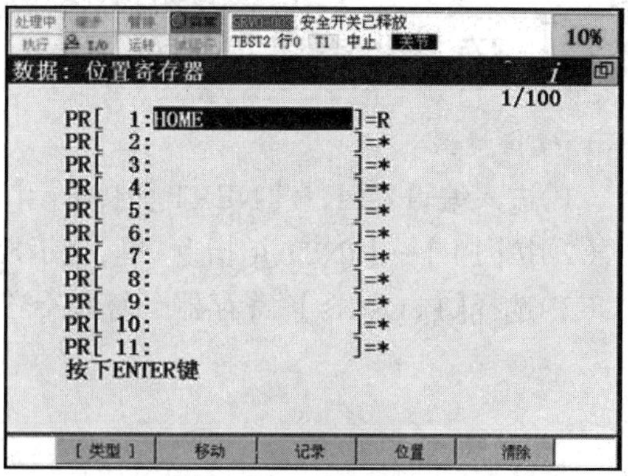

图 5-6　位置寄存器

(4)把光标移至寄存器号后,按【ENTER】(回车)键,输入注释。

(5)把光标移到值处,按【F4】—【POSITION】(位置)键,显示具体数据信息。(若值显示为 R,则表示记录数据;若值显示为 *,则表示未记录任何数据。)

(6)按【F5】—【REPRE】(形式)键,如图 5-7 所示,移动光标到所需要的项并按【ENTER】(回车)键,或通过数字键,可以切换数据形式。

① Cartesian(正交):直角坐标系。

② Joint(关节):关节坐标系。

(7)把光标移至数据处,可以用数字键直接修改数据。

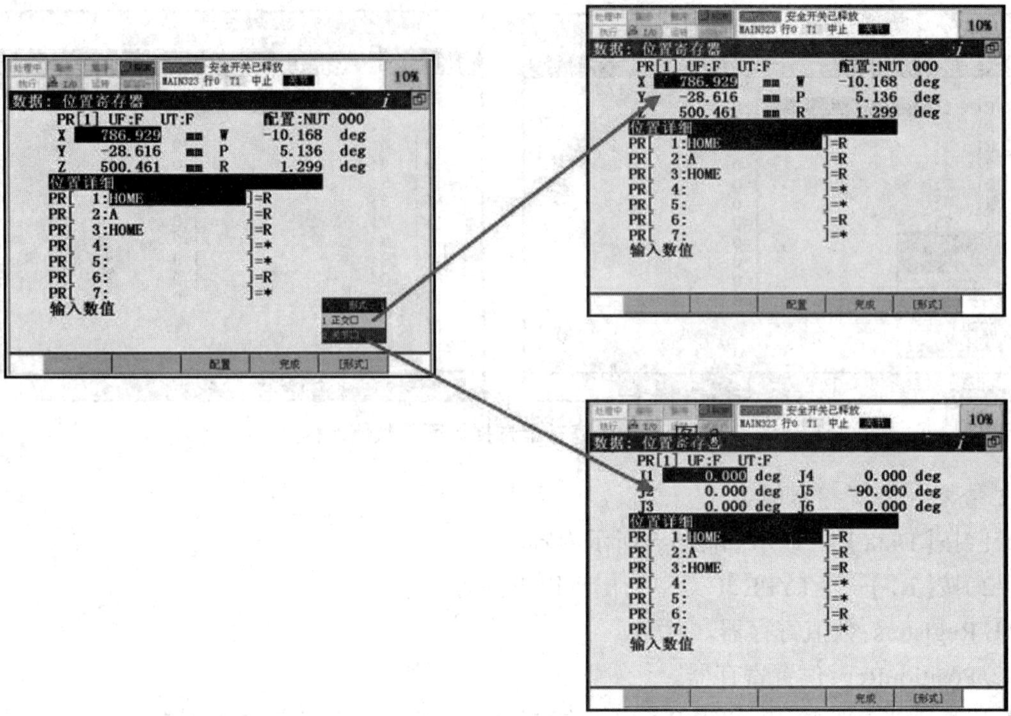

图 5-7　数据切换

5.1.3　寄存器指令添加

1. 操作步骤

（1）进入编辑界面，按【NEXT】键，显示【EDCMD】。

（2）按【F1】—【INST】（指令）键，显示控制指令一览，如图 5-8 所示。

（3）选择【Registers】（寄存器计算指令），按【ENTER】（回车键）确认，显示如图 5-9 所示内容。

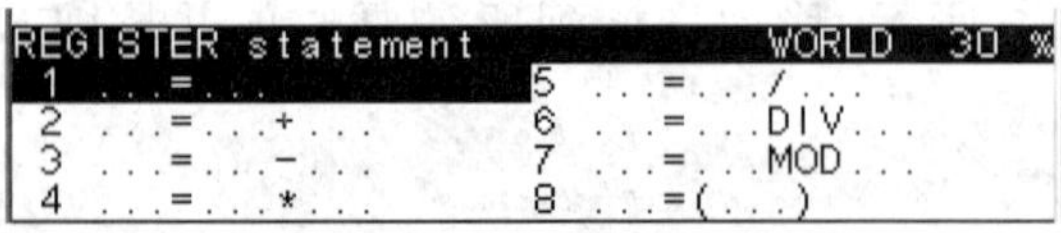

图 5-8　控制指令一览界面

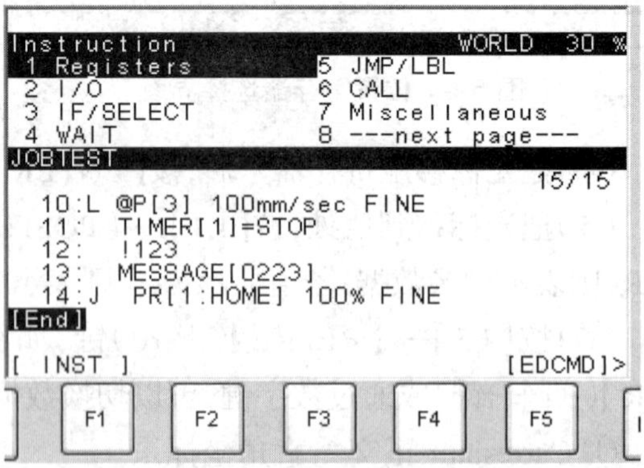

图 5-9　寄存器指令格式选择界面

（4）选择所需要的指令格式，按【ENTER】（回车）键确认，显示如图 5-10 所示内容。

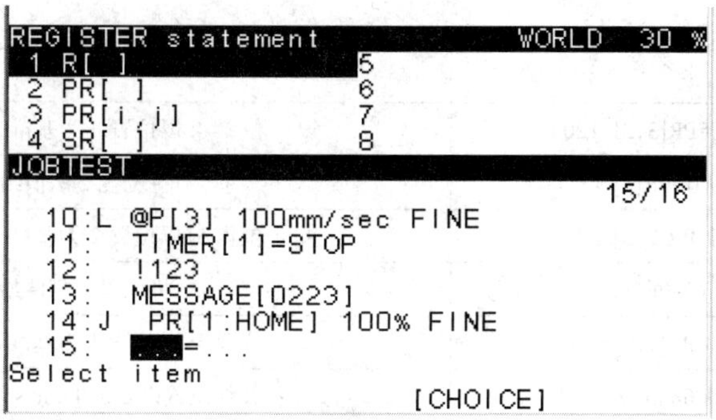

图 5-10　寄存器类型选择界面

（5）根据光标位置选择相应的项，输入值即可。

2. 示例分析

例 5-5

要求：工业机器人运行轨迹如图 5-11 所示，创建一个程序（程序名为 Test1），通过位置寄存器赋值修改坐标值，以完成轨迹运行。

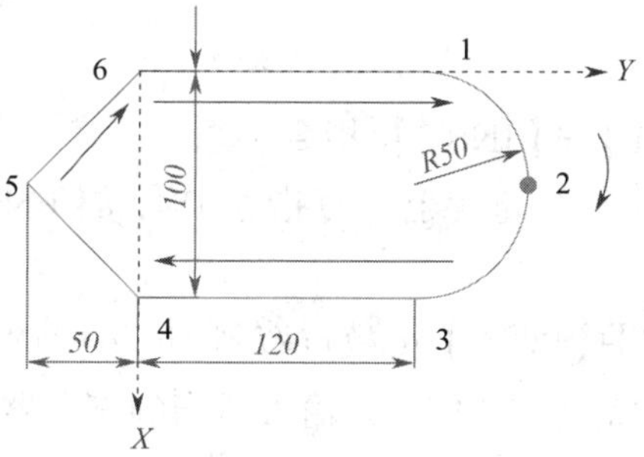

图 5-11　轨迹图 1

分析：1 → 2、2 → 3 为圆弧运动；6 → 1、3 → 4、4 → 5、5 → 6 为直线运动；6 个位置在同一平面。

程序：

程序行	指令	注释
1	PR[6]=LPOS	以位置 6 为原点
2	PR[1]=PR[6]	将位置 6 赋值给位置 1
3	PR[1,2]=PR[6,2]+120	位置 1: 以位置 6 为基准，其 *Y* 方向 +120
4	PR[2]=PR[1]	将位置 1 赋值给位置 2
5	PR[2,1]=PR[1,1]+50	位置 2: 以位置 6 为基准，其 *Y* 方向 +50
6	PR[2,2]=PR[1,2]+50	位置 2: 以位置 6 为基准，其 *X* 方向 +50
7	PR[3]=PR[1]	将位置 1 赋值给位置 3
8	PR[3,1]=PR[1,1]+100	位置 3: 以位置 1 为基准，其 *X* 方向 +100
9	PR[4]=PR[3]	将位置 3 赋值给位置 4

续表

程序行	指令	注释
10	PR[4,2]=PR[3,2]-120	位置 4: 以位置 3 为基准,其 Y 方向 -120
11	PR[5]=PR[2]	将位置 2 赋值给位置 5
12	PR[5,2]=PR[2,2]-220	位置 5: 以位置 2 为基准,其 Y 方向 -220
13	PR[6]=PR[1]	将位置 1 赋值给位置 6
14	PR[6,2]=PR[1,2]-120	位置 6: 以位置 1 为基准,其 Y 方向 -120
15	LPR[6]2000mm/secFINE	从其他位置以 2 000 mm/s 直线运动到位置 6
16	LPR[1]2000mm/secFINE	从位置 6 以 2 000 mm/s 直线运动到位置 1
17	CPR[2]PR[3]2000mm/secFINE	从位置 1,经过位置 2 以 2 000 mm/s 圆弧运动到位置 3
18	LPR[4]2000mm/secFINE	从位置 3 以 2 000 mm/s 直线运动到位置 4
19	LPR[5]2000mm/secFINE	从位置 4 以 2 000 mm/s 直线运动到位置 5
20	LPR[6]2000mm/secFINE	从位置 5 以 2 000 mm/s 直线运动到位置 6
21	[END]	

操作步骤:

(1)创建程序 Test1;

(2)进入编辑界面,按【F1】—【INST】(指令)键;

(3)1~14 行,选择【Registers】(寄存器计算指令)项,按【ENTER】(回车)键确认进行指令框架选择;

(4)15~20 行,用【SHIFT】+【POINT】(教点资料)记录任意位置后,把光标移到 P[] 处,通过【F4】—【CHOICE】(选择)键选择 PR[],并输入适当的寄存器位置号。

例 5-6

要求:工业机器人运行轨迹如图 5-12 所示,创建一个程序(程序名为 Test2),通过位置寄存器赋值修改坐标值,以完成轨迹运行。

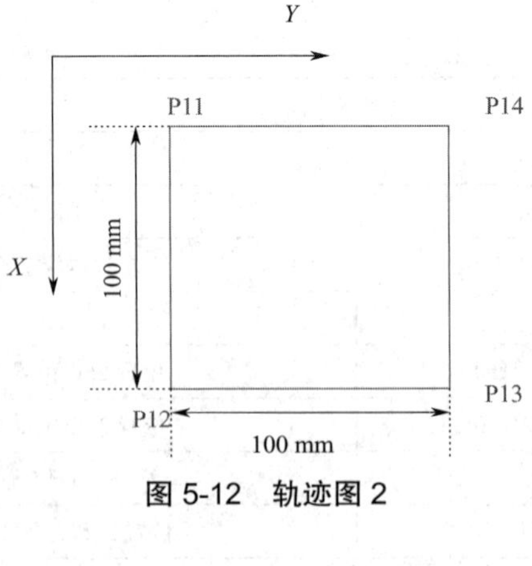

图 5-12 轨迹图 2

分析:该轨迹均为直线运行,四个点位位置在同一平面。

程序:

程序行	指令	注释
1	PR[11]=LPOS	以位置 P11 为原点
2	PR[12]=PR[11]	将位置 P11 赋值给位置 P12
3	PR[12,1]=PR[11,1]+100	位置 P12: 以位置 P11 为基准,其 *X* 方向 +100
4	PR[13]=PR[12]	将位置 P12 赋值给位置 P13
5	PR[13,2]=PR[12,2]+100	位置 P13: 以位置 P12 为基准,其 *Y* 方向 +100
6	PR[14]=PR[11]	将位置 P11 赋值给位置 P14
7	PR[14,2]=PR[11,2]+100	位置 P14: 以位置 P11 为基准,其 *Y* 方向 +100
8	JPR[11]100%FINE	从其他位置以 100% 轴模式运动到位置 P11
9	LPR[12]2000mm/secFINE	从位置 P11 以 2 000 mm/s 直线运动到位置 P12
10	LPR[13]2000mm/secFINE	从位置 P12 以 2 000 mm/s 直线运动到位置 P13
11	LPR[14]2000mm/secFINE	从位置 P13 以 2 000 mm/s 直线运动到位置 P14
12	LPR[11]2000mm/secFINE	从位置 P14 以 2 000 mm/s 直线运动到位置 P11
13	[END]	

操作步骤:

(1)创建程序 Test2;

(2)进入编辑界面,按【F1】—【INST】(指令)键;

(3)1~7 行,选择【Registers】(寄存器计算指令)项,按【ENTER】(回车)键确认进行指令框架选择;

(4)8~12 行,用【SHIFT】+【POINT】(教点资料)记录任意位置后,把光标移到 P[] 处,通过【F4】—【CHOICE】(选择)键选择 PR[],并输入适当的寄存器位置号。

任务二　I/O 指令

I/O 指令用来改变信号输出状态和接收输入信号。

数字信号(DI/DO)指令格式:

R[i]=DI[i]

DO[i]=(Value)(Value=ON 发出信号;Value=OFF 关闭信号)

DO[i]=PULSE,(Width)(Width= 脉冲宽度(0.1 to 25.5 s))

机器人信号(RI/RO)指令、模拟信号(AI/AO)指令、群组信号(GI/GO)指令的用法和数字信号指令类似。

5.2.1 机器人 I/O 种类

微课:常用控制指令——I/O 指令

I/O(输入/输出信号)是机器人与末端执行器、外部装置等系统的外围设备进行通信的电信号,可分为通用 I/O 和专用 I/O,如图 5-13 所示。

1. 通用 I/O

通用 I/O 是用户可以自己定义和使用的 I/O 信号,通用 I/O 有如下三类,其中 i 表示信号号码和组号码的逻辑号码。

(1)数字 I/O:DI[i]/DO[i],个数为 512/512。

(2)群组 I/O:GI[i]/GO[i],个数为 100/100,范围为 0~32 767。

(3)模拟 I/O:AI[i]/AO[i],个数为 64/64,范围为 0~16 383。

2. 专用 I/O

系统定义的专用 I/O 信号,用户不能重新定义功能的信号;专用 I/O 是用途已经确定的 I/O。专用 I/O 有如下几种。

(1)机器人 I/O:RI[i]/RO[i],个数为 8/8。

(2)外围设备(UOP):UI[i]/UO[i],个数为 18/20。

(3)操作面板(SOP):SI[i]/SO[i],个数为 15/15。

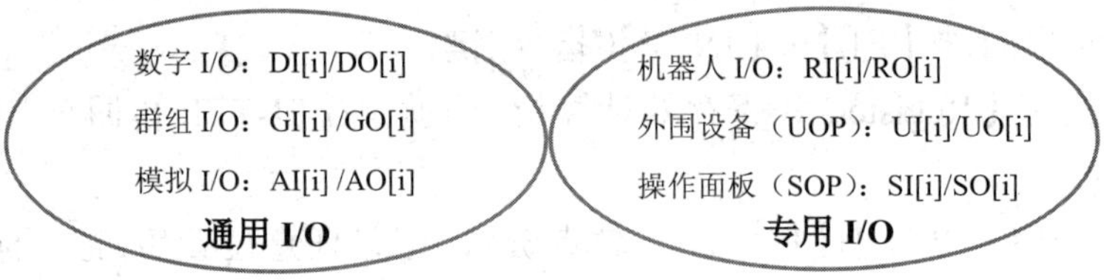

图 5-13 机器人 I/O 种类

3. I/O 分配

将通用 I/O(DI/O、GI/O 等)和专用 I/O(UI/O、RI/O 等)称作逻辑信号。在机器人的程序中,对逻辑信号进行信号处理。相对于此,将实际的 I/O 信号线称作物理信号。要指定物理信号,利用机架和插槽指定 I/O 模块,并利用该 I/O 模块内的信号编号(物理编号)指定各信号。

5.2.2 通用 I/O 信号指令与应用

1. 数字 I/O(DI/DO)信号指令

数字 I/O(DI/DO)是从外围设备通过处理 I/O 单元的输入/输出信号线进行数据交换的标准数字信号。其实,其属于通用数字信号。数字信号的值有 ON(通)和 OFF(断)两类。如图 5-14 所示为数字 I/O 信号状态图。

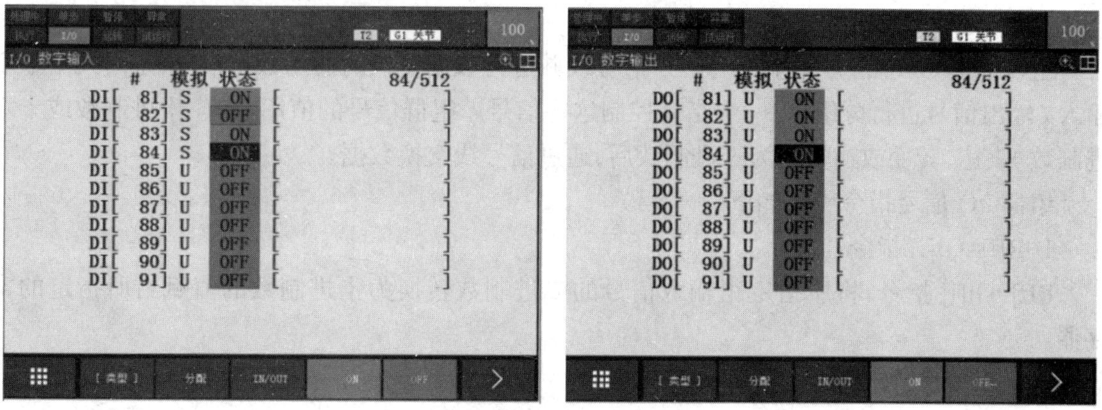

图 5-14　数字 I/O 信号状态

数字 I/O 信号指令应用如下。

1）R[i]=DI[i] 指令

R[i]=DI[i] 指令，将数字输入的状态（ON=1，OFF=0）存储到寄存器中。R[i] 中，i 的取值为 0~200；DI[i] 中，i 为数字输入信号编号。

1: R[1] = DI[1]

2: R[R[3]] = DI[R[4]]

2）DO[i]=ON/OFF 指令

DO[i]=ON/OFF 指令，发出或关闭所指定的数值输出信号。

（1）value=ON，发出信号。

（2）value=OFF，关闭信号。

1: DO[1] = ON

2: DO[R[3]] = OFF

（3）DO[i]=PULSE,（Width）

DO[i]=PULSE,（Width）指令，仅在所指定的时间内接通而输出所指定的数字输出。在没有指定时间的情况下，输出脉冲宽度由 $DEFPULSE（单位 0.1 s）指定。Width 为脉冲宽度（0.1~25.5 s）。

1: DO[1] = PULSE

2: DO[2] = PULSE, 0.2 sec

3: DO[R[3]] = PULSE, 1.2 sec

（4）DO[i]=R[i] 指令

DO[i]=R[i] 指令，根据所指定的寄存器的值，接通或断开所指定的数字输出信号，若寄存器的数值为 0，就断开；若为 0 以外的值，就接通。

1: DO[1] = R[2]

2: DO[R[5]] = R[R[1]]

2. 组群 I/O(GI/GO)信号指令

组群 I/O(GI/GO)是用来汇总多条信号线并进行数据交换的通用数字信号,是对几个数字输入 / 输出信号进行分组,以一个指令控制这些信号。组群信号的值用数值(十进制数或十六进制数)表达,转变或逆转变为二进制数后,通过信号线交换数据。

组群 I/O 信号指令应用如下。

1)R[i]=GI[i] 指令

R[i]=GI[i] 指令,将所指定组输入信号的二进制数转换为十进制数的值赋给所指定的寄存器。

```
1: R[1] = GI[2]
2: R[R[3]] = GI[R[4]]
```

2)GO[i]=(值)指令

GO[i]=(值)指令,将经过二进制变换后的值输出到指定的组输出中。

```
1: GO[1] = 0
2: GO[R[3]] = 32767
```

3)GO[i]=R[i] 指令

GO[i]=R[i] 指令,将所指定寄存器的值经过二进制转换后输出到指定的组输出中。

```
1: GO[1] = R[2]
2: GO[R[5]] = R[R[5]]
```

3. 模拟 I/O(AI/AO)信号指令

模拟 I/O(AI/AO)从外围设备通过处理 I/O 单元的输入/输出信号线而进行模拟输入/输出电压值的交换。模拟输入(AI)和模拟输出(AO)信号是连续值的输入/输出信号,该值表示温度和电压之类数值的大小。进行读写时,将模拟输入/输出电压转换为数字值。因此,值不见得与输入/输出电压值完全一致。

模拟 I/O 信号指令应用如下。

1)R[i]=AI[i] 指令

R[i]=AI[i] 指令,将模拟信号的值存储在寄存器中。

```
1: R[1] = AI[2]
2: R[R[5]] = AI[R[5]]
```

2)AO[i]=(值)指令

AO[i]=(值)指令,向指定的模拟输出信号输出指定的值。

```
1: AO[1] = 0
2: AO[R[6]] = 3276.7
```

3)AO[i]=R[i] 指令

AO[i]=R[i] 指令,向模拟输出信号输出寄存器的值。

```
1: AO[1] = R[2]
2: AO[R[5]] = R[R[5]]
```

5.2.3 专用 I/O 信号指令与应用

1. 机器人 I/O(DI/DO)信号指令

机器人 I/O 是经由机器人作为末端执行器 I/O 被使用的机器人数字信号。末端执行器 I/O 与机器人的手腕上所附带的连接器连接后使用。机器人输入 RI 和机器人输出 RO 信号是用户可以控制的输入输出信号。末端执行器 I/O 由最多 8 个输入、8 个输出的通用信号构成。这些信号不能再定义信号号码。

机器人 I/O 信号指令应用如下。

1)R[i]=RI[i] 指令

R[i]=RI[i] 指令,将机器人的输入状态(ON=1,OFF=0)存储到寄存器中。

1: R[1] = RI[1]

2: R[R[3]] = RI[R[4]]

2)RO[i] =ON/OFF 指令

RO[i] =ON/OFF 指令,接通或断开所指定的机器人数字输出信号。

1: RO[1] = ON

2: RO[R[3]] = OFF

3)RO[i] =PULSE,(时间)

RO[i] =PULSE,(时间)指令,仅在所指定的时间内接通输出信号。在没有指定时间的情况下,脉冲输出由 $ DEFPULSE(单位 0.1 s)指定。

1: RO[1] = PULSE

2: RO[2] = PULSE, 0.5 sec

3: RO[R[3]] = PULSE, 1.5 sec

4)RO[i]=R[i] 指令

RO[i] =R[i] 指令,根据所指定的寄存器的值,接通或断开所指定的数字输出信号,若寄存器的数值为 0,就断开;若为 0 以外的值,就接通。

1: RO[1] = R[2]

2: RO[R[3]] = R[R[4]]

2. 外围设备 I/O(UI/UO)信号指令

外围设备 I/O(UI/UO)是在系统中已经确定用途的专用信号。这些信号从处理 I/O 单元通过相关接口及 I/O Link 与程控装置和外围设备连接,从外部进行机器人控制。外围设备 I/O 状态如图 5-15 所示。

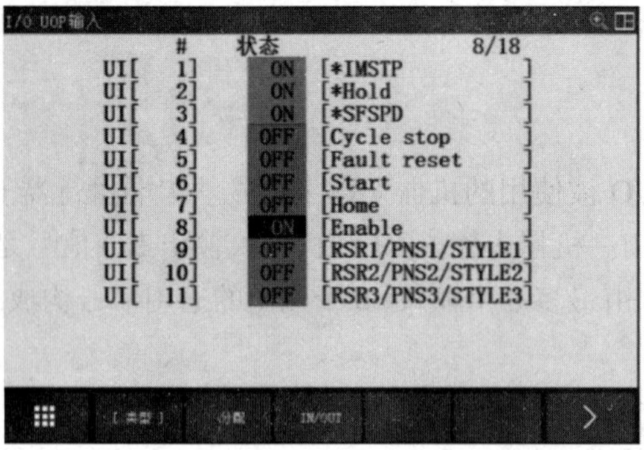

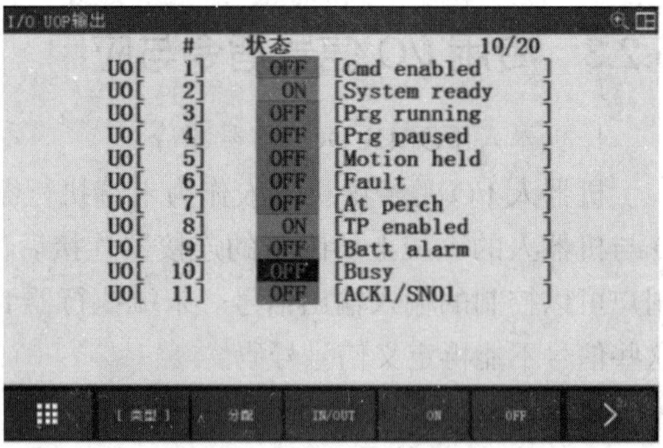

图 5-15 外围设备 I/O 状态

（1）UI 专用信号各项作用见表 5-2。

表 5-2 UI 专用信号各项作用表

序号	UI 信号	作用
1	UI[1]	瞬时停止信号，通过软件切断伺服电源。IMSTP 输入始终有效，通常情况下处于 ON。若该信号处于 OFF，系统执行如下处理： • 发出报警后断开伺服电源； • 瞬时停止机器人的动作，中断程序的执行
2	UI[2]	暂停信号，从外部装置发出暂停指令。HOLD 输入始终有效，通常情况下处于 ON。该信号处于 OFF，系统执行如下处理： • 减速停止执行中的动作，中断程序的执行； • 一般事项的设定中将“暂停时伺服”置于有效时，在停下机器人后，发出报警并断开伺服电源
3	UI[3]	安全速度信号（SFSPD），在安全防护栅栏门开启时使机器人暂停。该信号通常连接于安全防护栅栏门的安全插销。SFSPD 输入始终有效，通常情况下处于 ON。在不使用 IMSTP 、*HOLD 、*SFSPD 信号的情况下，跨接这些信号线（常闭点）
4	UI[4]	循环停止信号（CSTOPI），结束当前执行中的程序（始终有效）。通过 RSR 解除处在待命状态下的程序。系统设定画面【6 系统设定. 系统设定】中将“CSTOPI 输入后，程序强制结束”设定为无效的话，在将当前执行中的程序执行到末尾后结束程序。通过 RSR 解除（清除）处在待命状态的程序（标准设定）
5	UI[5]	报警解除信号（FAULT_RESET），解除报警，始终有效。伺服电源被断开时，接通伺服电源。此时，在伺服装置启动之前，报警不予解除。该信号在默认设定下信号断开时发挥作用
6	UI[6]	Start：外部启动信号（信号下降沿有效）
7	UI[7]	Home：回 HOME 输入信号（需要设置宏程序）
8	UI[8]	Enable：使能信号，远程启动时机器人电机上电信号

续表

序号	UI 信号	作用
9	UI[9]	RSR1~RSR8 对应输入 UI[9]~UI[16]，在远程模式时有效，其是机器人启动请求信号（RSR）。接收到一个该信号时，与该信号对应的 RSR 程序为进行自动运转被选择而启动。其他程序处在执行中或暂停中时，将所选程序加入等待行列，等到执行中的程序结束后启动。 PNS1~PNS8 对应 UI[9]~UI[16]，PNSTROBE UI[17]，在远程模式时有效，其是程序号码选择信号（PNS）和 PNS 选通信号（PNSTROBE）。在接收到 PNSTROBE 输入时，读出 PNS1~PNS8 输入，选择要执行的程序。其他程序处在执行中或暂停中时，忽略该信号。在远程模式时，在 PNSTROBE 处于 ON，进行基于示教操作盘的程序选择
10	UI[10]	
11	UI[11]	
12	UI[12]	
13	UI[13]	
14	UI[14]	
15	UI[15]	
16	UI[16]	
17	UI[17]	PNSTROBE：PN 滤波信号，在 PNS 选择程序名时使用，当 UI[17]=ON 时，允许读取 PNS1~PNS8 信号，并转换为十进制，识别 PNS 程序名
18	UI[18]	自动运转启动信号（PROD_START）从第一行起启动当前所选的程序，信号下降沿有效。与 PNS 一起使用的情况下，从第一行起执行由 PNS 所选择的程序。没有与 PNS 一起使用的情况下，从第一行起执行由示教操作盘所选择的程序。其他程序处在执行中或暂停中时，忽略该信号

（2）UO 专用信号各项作用见表 5-3。

表 5-3　UI 专用信号各项作用表

序号	UO 信号	作用
1	UO[1]	可接收输入信号（CMDENBL），在下列条件成立时输出。该信号表示可以从程控装置启动包含动作（群组）的程序。 • 遥控条件成立。 • 可动作条件成立。 • 选定了连续运转方式（单步方式无效）
2	UO[2]	系统准备就绪信号（SYSRDY），在伺服电源接通时输出，下面两种情况有输出： • 外围设备 I/O 的 ENBL 输入处于 ON； • 伺服电源接通（非报警状态）
3	UO[3]	程序执行输出，程序执行中信号（PROGRUN）在程序执行中输出，程序处在暂停中时，该信号不予输出
4	UO[4]	程序暂停输出，暂停中信号（PAUSED）在程序处在暂停中而等待再启动的状态时输出
5	UO[5]	暂停输出，保持中信号（HELD）在按下 HOLD 按钮时和输入 HOLD 信号时输出，松开 HOLD 按钮时，该信号不予输出
6	UO[6]	报警输出，报警（FAULT）信号在系统中发生报警时输出，可以通过 FAULT_RESET 输入来解除报警，系统发出警告时（WARN 报警），该信号不予输出
7	UO[7]	机器人基准点信号（ATPERCH），在机器人处在预先确定的参考位置时输出，最多可以定义 3 个基准点，但是此信号在机器人处在第 1 基准点时被输出，其他基准点则被分配通用信号
8	UO[8]	TPENBL 示教盒使能输出，示教操作盘有效信号在示教操作盘的有效开关处于 ON 时被输出
9	UO[9]	电池异常信号（BATALM），表示控制装置或机器人的脉冲编码器的后备电池电压下降报警，在接通控制装置电源后再更换电池

续表

序号	UO 信号	作用
10	UO[10]	BUSY 处理器忙输出，处理中信号（BUSY）在程序执行中或通过示教操作盘进行的作业处理中被输出，程序处在暂停中时，该信号不予输出
11	UO[11]	ACK1~ACK8 证实信号，当 RSR 输入信号被接收时，会输出一个相应的脉冲信号 。RSR 接收确认信号（ACK）在 RSR 功能有效时进行组合使用。接收到 RSR 输入时，作为确认而输出对应的脉冲信号。可以指定脉冲宽。 该信号组以 8 位二进制码表示相应的当前选中的 PNS 程序号。选择程序号码信号（SNO）在 PNS 功能有效时进行组合使用。作为确认而始终以二进制代码方式输出当前所选的程序号码（对应 PNS1~PNS8 输入的信号）。通过选择新的程序来改写 SNO1~SNO8
12	UO[12]	
13	UO[13]	
14	UO[14]	
15	UO[15]	
16	UO[16]	
17	UO[17]	
18	UO[18]	
19	UO[19]	SNACK 信号数确认输出，PNS 接收确认信号（SNACK）在 PNS 功能有效时进行组合使用。接收到 PNS 输入时，作为确认输出脉冲信号。可以指定脉冲宽
20	UO[20]	预留信号

3. 操作面板 I/O（SOP）信号指令

操作面板 I/O 是用来进行操作面板 / 操作箱的按钮和 LED 状态数据交换的数字专用信号。输入随操作面板上的按钮的 ON/OFF 而定。输出时，进行操作面板上的 LED 指示灯的 ON/OFF 操作。操作面板 I/O 状态如图 5-16 所示。

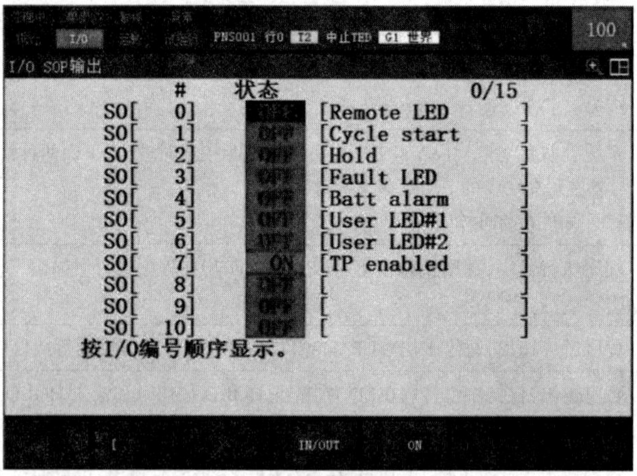

图 5-16 操作面板 I/O 状态

操作面板 I/O 不能对信号号码进行映射（再定义）。标准情况下已经定义了 16 个输入信号、16 个输出信号。有关操作面板 I/O 信号的定义见表 5-4。

表 5-4　操作面板 I/O 信号定义

逻辑号码	操作面板输入	逻辑号码	操作面板输出
SI 0		SO 0	REMOTE LED
SI 1	FAULT_RESET	SO 1	CYCLE START
SI 2	REMOTE	SO 2	HOLD
SI 3	*HOLD	SO 3	FAULT LED
SI 4	USER#1	SO 4	BATTERY ALARM
SI 5	USER#2	SO 5	USER#1
SI 6	START	SO 6	USER#2
SI 7		SO 7	TP ENABLE

操作面板处在有效状态时，可通过操作面板 I/O 来启动程序。但是，对安全性影响重大的信号，则始终处在有效状态。

在如下操作面板有效条件成立时，操作面板进入有效状态：

（1）示教器的有效开关断开；

（2）遥控信号（SI[2]）处于 OFF；

（3）外围设备 I/O 的 *SFSPD 输入处于 ON。

此外，要启动包含动作（组）的程序，下列条件也应成立：

（1）外围设备 I/O 的 ENBL 输入处于 ON；

（2）伺服电源已经接通（非报警状态）。

5.2.4　信号指令加入程序

操作步骤如下：

（1）进入编辑界面；

（2）【F1】—【INST】（指令）键，显示控制指令一览，如图 5-17 所示；

（3）选择 I/O（信号），按【ENTER】（回车）键确认，显示如图 5-18 所示内容；

（4）选择所需要的项，按【ENTER】（回车）键确认；

（5）根据光标位置输入值，或选择相应的项并输入值即可。

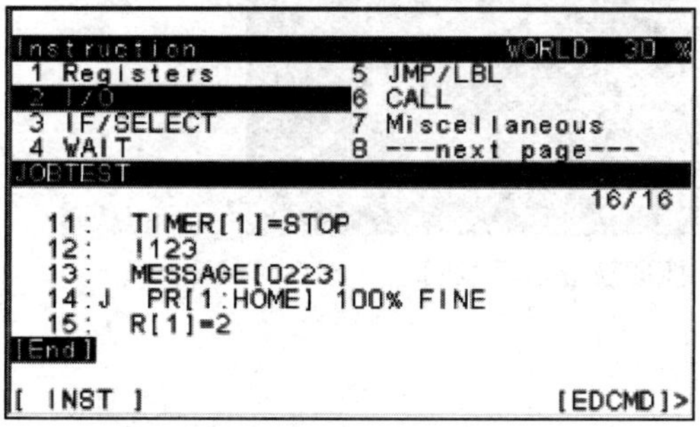

图 5-17　程序中加入信号指令 1

图 5-18　程序中加入信号指令 2

5.2.5 信号指令应用实例

1. 信号立即输出

为了精确进行信号输出，需要机器人在运行到示教点时立即对某个信号进行输出。信号立即输出能够在机器人运行轨迹目标点上立即进行信号输出。

程序示例如下：

1: J P[0] 100% FINE

2: L P[2] 1000mm/sec CNT100 DO[1]=ON D0[2]=ON

3: L P[3] 1000mm/sec FINE DO[1]=OFF D0[2]=OFF

程序编写和运行结果如图 5-19 和图 5-20 所示。

图 5-19 程序编写

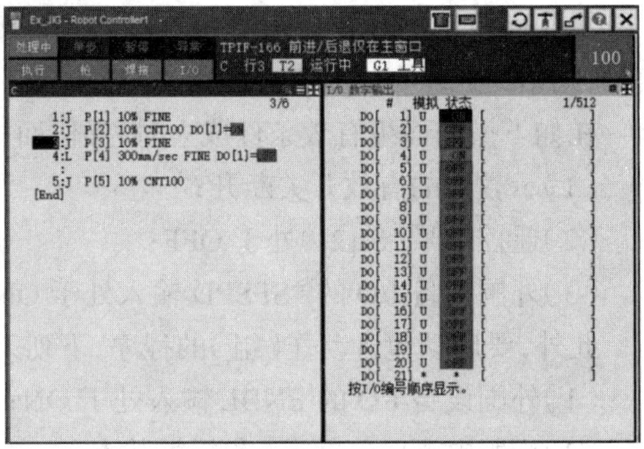

图 5-20 程序运行测试

2. 机器人快换夹头

如图 5-21 所示，机器人将去 P[2] 点位抓取快换夹头，然后完成工件搬运。机器人从 HOME 点出发，经 P[1] 到 P[2]，完成快换夹头安装后，再返回 HOME 点位。用示教器示教程序，其中 RO[1] 是机器人输出信号，当 RO[1]=ON 时，手爪安装快换夹头；当 RO[1] =OFF 时，放下快换夹头。

图 5-21 机器人快换夹头抓取轨迹与示意图

程序示例如下。

程序行	指令	注释	备注
1	J PR[1 :HOME] 100% FINE	从其他位置以 100% 的速度运动到位置 HOME 点	
2	L P[1]2000mm/sec CNT50	从位置 HOME 以 2 000 mm/s 直线运动到位置 P[1]	
3	L P[2]200mm/sec FINE	从位置 P[1] 以 200 mm/s 直线运动到位置 P[2]	
4	RO[1] =ON	RO[1] 信号动作，安装快换夹头	机器人信号
5	WAIT 0.5sec	等待 0.5 s	
6	LP[1]200mm/sec CNT50	从位置 P[2] 以 200 mm/s 直线运动到位置 P[1]	
7	J PR[1 :HOME] 100% FINE	返回 HOME 点	

3. 搬运工件

如图 5-22 所示，将工件从 A 位搬到 B 位。机器人从 HOME 点出发，经 P[1] 到 P[2]，抓取工件，再经 P[1]、P[3] 到 B，将工件放下。用示教器示教程序，其中 RO[3] 是机器人输出信号，当 RO[3] =ON 时，手爪动作，抓起工件；当 RO[3] =OFF 时，手爪松开，放下工件。

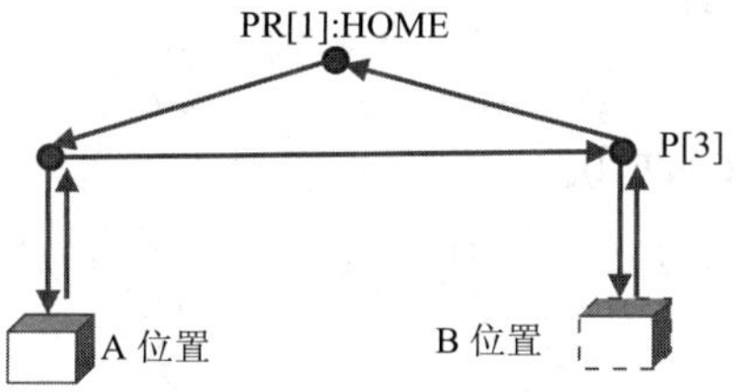

图 5-22　搬运轨迹

程序示例如下：

程序行	指令	注释	备注
1	J PR[1 :HOME] 100% FINE	从其他位置以 100% 的速度运动到位置 HOME 点	
2	L P[1]2000mm/sec CNT50	从位置 HOME 以 2 000 mm/s 直线运动到位置 P[1]	
3	L P[2]200mm/sec Fine	从位置 P[1] 以 200 mm/s 直线运动到位置 P[2]	
4	RO[3] =ON WAIT 0.5sec	RO[3] 信号动作，夹取工件，等待 0.5 s	机器人信号
5	LP[1]2000mm/sec CNT50	从位置 P[2] 以 200 mm/s 直线运动到位置 P[1]	
6	L P[3]2000mm/sec CNT50	从位置 P[1] 以 200 mm/s 直线运动到位置 P[3]	
7	LP[4]2000mm/sec FINE	从位置 P[3] 以 200 mm/s 直线运动到位置 P[4]	
8	RO[3] =OFF WAIT 0.5sec	RO[3] 信号关闭，放下工件，等待 0.5 s	机器人信号
9	LP[3] 2000mm/sec CNT50	从位置 P[4] 以 200 mm/s 直线运动到位置 P[3]	
10	L PR[1:HOME] 2000	返回 HOME 点	

任务三　控制指令

5.3.1 标签指令

标签指令(LBL[i])是用来表示程序的转移目的地的指令。标签可通过标签定义指令来定义。标签一旦被定义,就可以在条件转移和无条件转移中使用。标签指令中的标签号码不能进行间接指定。将光标指向标签号码后按下【ENTER】键,即可输入注解。

在程序中要设置好标签 LBL[ ] 的位置,然后才能在程序中使用 JMP LBL[] 指令进行跳转。需要注意的点是,在同一段程序中,不允许同时出现 2 个及以上的同名标签,即不能同时出现类似 2 个 LBL [2] 的语句,只能有 1 个。

程序示例如下:

```
1: IF DI[1] = ON, JMP LBL[2]
2: SELECT R[2] = 1, JMP LBL[3]
3: R[2] = 2, JMP LBL[4]
4: LBL[2]
5: LP[1] 1000mm/sec CNT100
6: LBL[3]
7: JP[2] 80%CNT100
8: LBL[4]
9: CALL HOME
```

5.3.2 无条件转移指令

1. 跳跃指令 JMP LBL[i]

跳跃指令(JMP LBL[i])可使程序的执行转移到相同程序内所指定的标签。

格式要求如下:

JMP LBL [i]　　i : 1 to 32766　(跳转到标签 i 处)

在程序中输入 JMP/LBL 指令的步骤如下:

(1)进入编辑界面,按【NEXT】键,出现【INST】;

(2)按【F1】—【INST】(指令)键,显示控制指令一览,如图 5-23 所示;

(3)选择【JMP/LBL】,按【ENTER】(回车)键确认,显示如图 5-24 所示画面;

(4)选择所需要的项,按【ENTER】(回车)键确认即可。

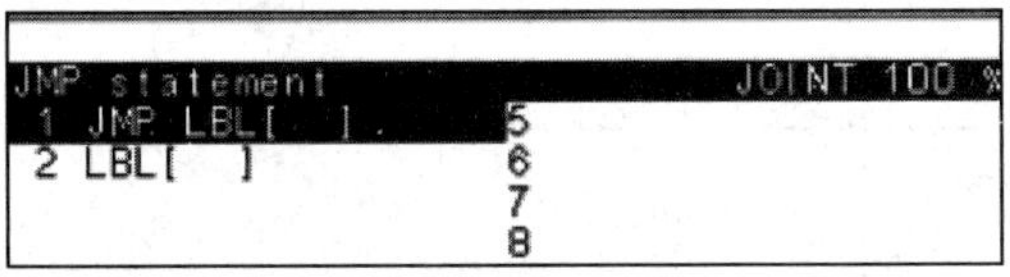

图 5-23　输入标签 / 跳转指令

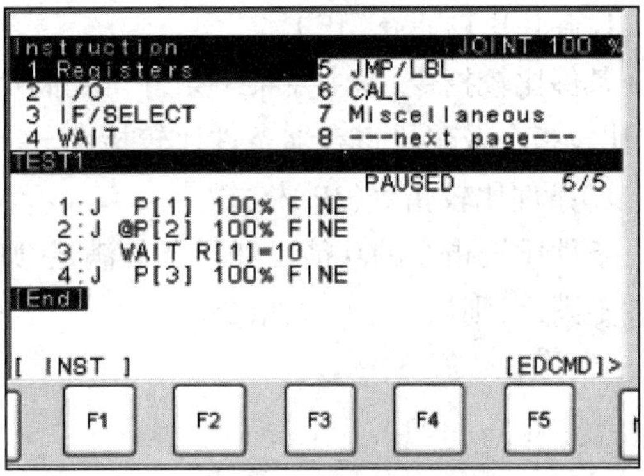

图 5-24　程序界面

2. 程序调用指令

程序调用指令(CALL)可使程序的执行转移到其他程序(子程序)的第 1 行后执行该程序。被调用的程序执行结束时,返回到主程序调用指令后的指令。

指令格式:

Call (Program)　　Program : 程序名

在程序中输入 CALL 指令的步骤如下:

(1)进入编辑界面,按【 NEXT 】键,出现【 INST 】;

(2)按【 F1 】—【 INST 】(指令)键,显示控制指令一览,如图 5-25 所示;

(3)选择【 CALL 】(呼叫指令),按【 ENTER 】(回车)键确认,显示如图 5-26 所示画面;

(4)选择【 CALL program 】(调用程序),按【 ENTER 】(回车)键,再选择所调用的程序名,按【 ENTER 】(回车)键确认即可。

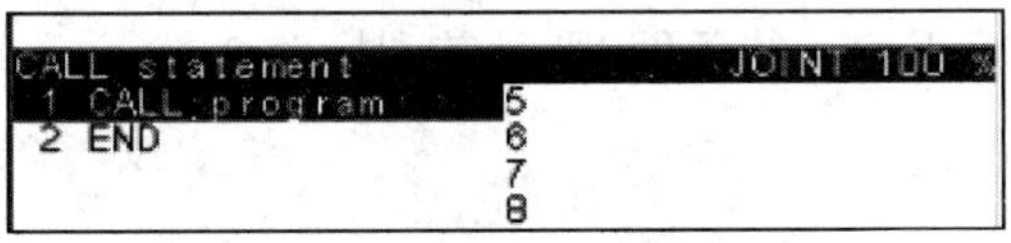

图 5-25　输入 CALL 指令

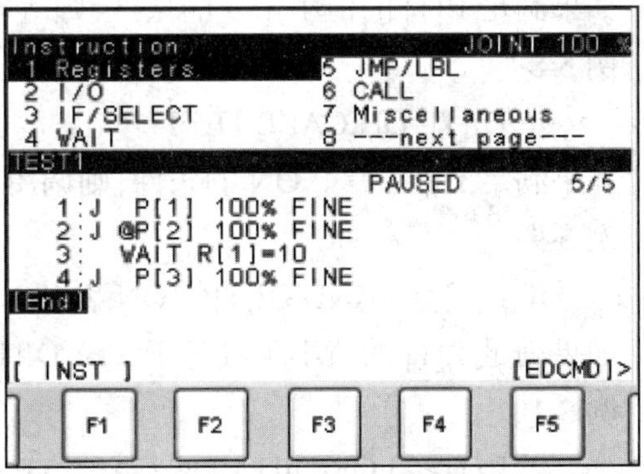

图 5-26　程序界面

5.3.3　条件转移指令

条件转移指令是在根据某一条件是否已经满足而从程序的某一场所转移到其他场所时使用。条件转移指令有 2 类。

1. 条件比较指令(IF)

条件比较指令,即主要某一条件得到满足,就转移到所指定的标签,包括寄存器比较指令、I/O 比较指令及码垛寄存器条件比较指令。

1)条件比较指令(IF)格式

条件比较指令的功能是如果条件满足,则转移到所指定的跳跃指令或子程序调用指令;若条件不满足,则执行下一条指令。

IF (variable) (operator) (value), (Processing)

变量	运算符	值	行为
R[i]	> >=	Constant (常数)	JMP LBL[i]
I/O	= <=	R[i]	Call (program)
	< <>	ON	
		OFF	

可以通过逻辑运算符“or”(或)和“and”(与)将多个条件组合在一起,但是“or”(或)和“and”(与)不能在同一行中使用。

例如:

IF〈条件 1〉and(条件 2)and(条件 3)是正确的;

IF〈条件 1〉and(条件 2)or(条件 3)是错误的。

例 5-7

IF R[1]<3,JMP LBL[1]

如果满足 R[1] 的值小于 3 的条件,则跳转到标签 1 处。

例 5-8

IF DI[1]=ON,CALL TEST

如果满足 DI[1] 等于 ON 的条件,则调用程序 TEST。

例 5-9

IF R[1]<=3 AND DI[1]〈 〉ON, JMP LBL[2]

如果满足 R[1] 的值小于或等于 3 及 DI[1] 不等于 ON 的条件,则跳转到标签 2 处。

例 5-10

IF R[1]>=3 OR DI[1]=ON,CALL TEST2

如果满足 R[1] 的值大于或等于 3 或 DI[1] 等于 ON 的条件,则调用程序 TEST2。

2)IF 指令的应用实例——循环条件控制

如图 5-27 所示,要求机器人从 HOME 位出发,完成所示圆轨迹六次后回到 HOME 位,请编程。

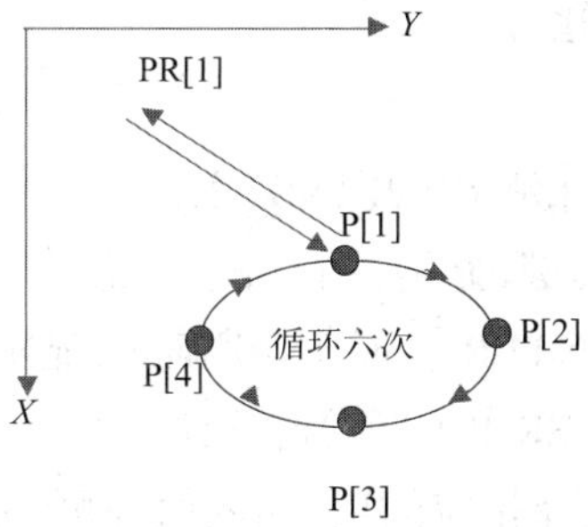

图 5-27　轨迹示意图

程序示例如下：

```
1: J PR[ 1 :HOME] 100% FINE
2: R[1]=0                              // 存储器清零
3: LBL[1]                              // 标签 1
4: L P[1] 2000mm/sec FINE
5: C P[2]
P[3] 2000mm/sec FINE
6: C P[4]
P[1] 2000mm/sec FINE
7: R[1]=R[1]+1                         // 计算运行次数小于 6
8: IF R[1]<6,JMP LBL[1]                // 跳转标签 1
9: J PR[1 :HOME] 100% FINE
```

2. 条件选择指令（SELECT）

条件选择指令，即根据寄存器的值转移到所指定的跳跃指令或子程序呼叫指令。

1）条件选择指令（SELECT）格式

条件选择指令是根据寄存器的值转移到所指定的跳跃指令或子程序调用指令。

```
SELECT R[i] =（Value）（Processing）
            =（Value）（Processing）
            =（Value）（Processing）
            ELSE (Processing )
```

其中：Value——值为 R[ ] 或 Constant(常数)；

Processing——行为为 JMP LBL [i] 或 Call(program)。

只能用寄存器计算指令进行条件选择。

程序示例如下：

```
SELECT R[1] = 1,CALL TEST1     // 满足条件 R[1]=1, 调用 TEST1 程序
            = 2,JMP LBL[1]     // 满足条件 R[1]=2, 跳转到标签 1 处
            ELSE,JMP LBL[2]    // 否则, 跳转到标签 2 处
```

2）在程序中加入 IF/SELECT 指令

步骤如下：

（1）进入编辑界面，按【NEXT】键，出现【INST】；

（2）按【F1】—【INST】（指令）键，显示控制指令一览，如图 5-28 所示；

（3）选择【IF/SELECT】，按【ENTER】（回车）键确认，显示如图 5-29 所示画面；

（4）选择所需要的项，按【ENTER】（回车）键确认；

（5）输入值或根据光标位置选择相应的项，输入值即可。

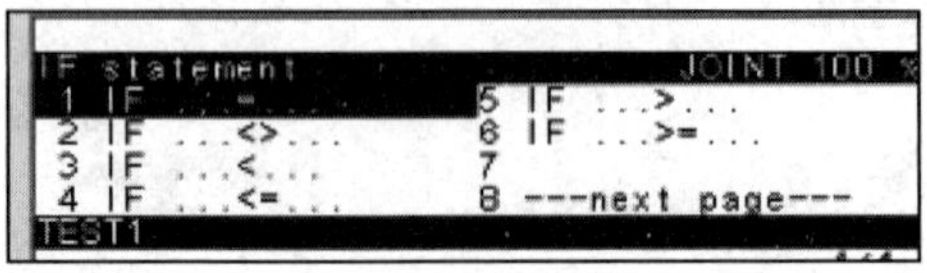

图 5-28 输入 IF/SELECT 指令 1

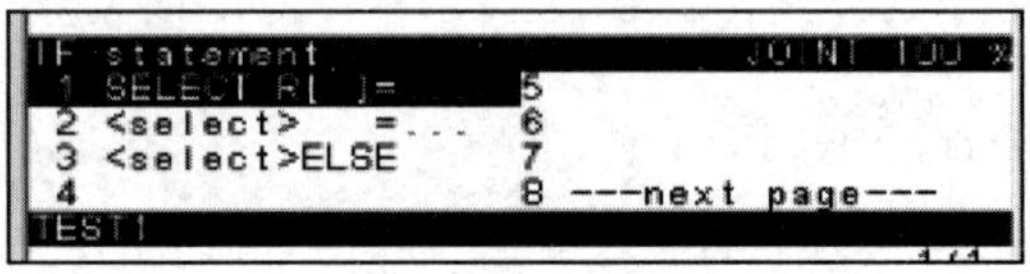

图 5-29 输入 IF/SELECT 指令 2

3）SELECT 指令应用实例

有时机器人要根据输入信号条件完成不同的工作。如图 5-30 所示，机器人根据条件选择 JOB1、JOB2、JOB3 中的一项任务，完成后回到 HOME 点。

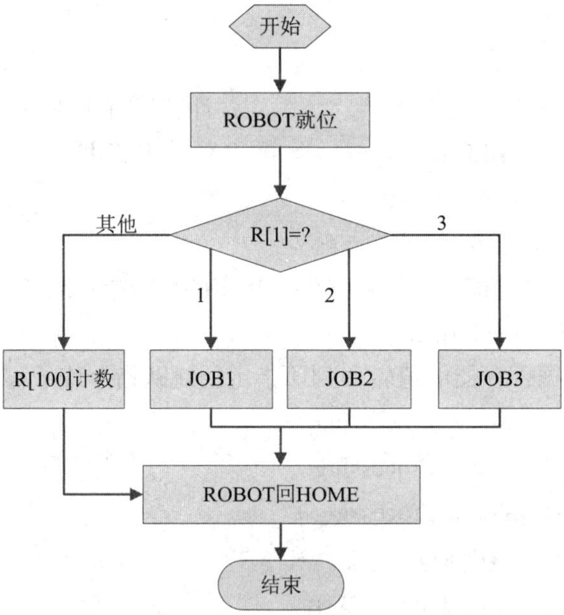

图 5-30 机器人工作流程

程序示例如下：

```
1: J PR[ 1 :HOME] 100%    FINE
2: L P[1]2000 mm/sec CNT50
3: SELECT R[1] = 1, CALL JOB1 ;
4:                = 2, CALL JOB2
```

```
5:                    = 3, CALL JOB3
6:                    ELSE,JMP LBL[10]
7: P[1]2000 mm / sec CNT50
8:J PR[ 1 : HOME] 100% FINE
9:END
```

5.3.4　等待指令

等待指令可以在所指定的时间或条件得到满足之前使程序的执行等待。等待指令有2类。

（1）指定时间等待指令，使程序的执行在指定时间内等待。

（2）条件等待指令，在指定的条件得到满足之前，使程序的执行等待。

指令格式如下：

WAIT(variable)	(operator)	(value)	(Processing)
Constant	>	Constant	无
R[i]	>=	R[i]	TIMEOUT LBL[i]
AI/AO	=	ON	
GI/GO	<=	OFF	
DI/DO	<		
UI/UO	<>		

1. WAIT（时间）

WAIT（时间）为指定时间等待指令，使程序的执行在指定时间内等待（等待时间单位为 s）。

例如：

```
1: WAIT 10.5 sec
2: WAIT R[1]
```

2. WAIT（条件）（处理）

条件等待指令在指定的条件得到满足，或经过指定时间之前，使程序的执行等待。超时的处理通过如下方法来指定。

（1）没有任何指定时，在条件得到满足之前，程序等待。

（2）TIMEOUT，LBL[i]，若系统设定画面上的“14 等待超时”中所指定的时间内条件没有得到满足，程序就向指定标签转移。

1）寄存器条件等待指令

寄存器条件等待指令是对寄存器的值和另外一方的值进行比较，在条件得到满足之前等待。

例如：

```
3: WAIT R[2]<> 1 , TIMEOUT LBL[1]
```

4: WAIT R[R[1]]>= 200

2)I/O 条件等待指令

I/O 条件等待指令是对 I/O 的值和另外一方的值进行比较,在条件得到满足之前等待。

Off-:将信号的下降沿作为检测条件。因此,在信号保持断开的状态下条件就不会成立。将信号的状态从接通到断开时刻作为检测条件。

On+:将信号的上升沿作为检测条件。因此,在信号保持接通的状态下条件就不会成立。将信号的状态从断开到接通时刻作为检测条件。

例如:

5: WAIT DI[2]<> OFF , TIMEOUT LBL[1]

6: WAIT RI[R[1]]= R[1]

3. 在程序中加入 WAIT 指令

步骤如下:

(1)进入编辑界面,按【NEXT】键,出现【INST】;

(2)按【F1】—【INST】(指令)键,显示控制指令一览,如图 5-31 所示;

(3)选择【WAIT】(等待),按【ENTER】(回车)键确认,显示如图 5-32 所示画面;

(4)选择所需要的项,按【ENTER】(回车)键确认;

(5)输入值或根据光标位置选择相应的项,输入值即可。

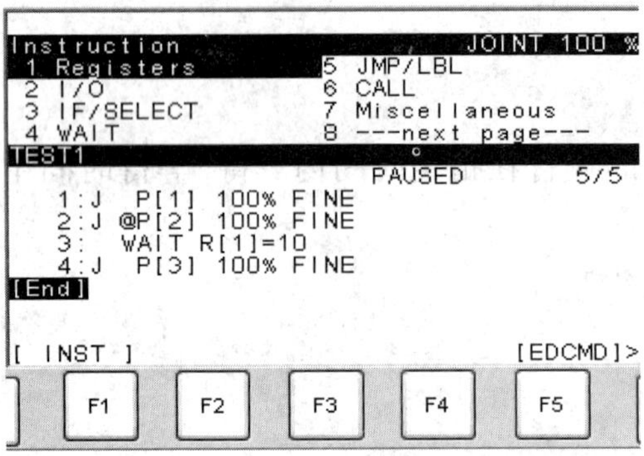

图 5-31 输入 WAIT 指令 1

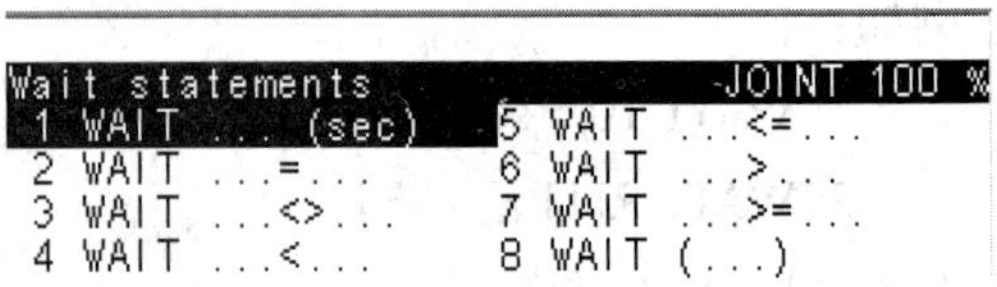

图 5-32 输入 WAIT 指令 2

4. 等待超时应用实例

根据如图 5-33 所示机床上下料的流程图编写示教程序。机床门打开信号为 DI[100]=ON,机床取件结束信号为 DO[101]。

程序示例如下:

1: J PR[1:HOME] 100% FJINE

2: LP[1]2000mm /sec CNT50

3: L P[2]2000mm /sec FINE // 到达取件位

4: $WAIT TIMEOUT = 200 // 设置超时时间:200 × 10 ms

5: WAIT DI[100] =ON, TIMEOUT LBL[999] // 等待机床门打开,超时转向报警

```
6: CALL UL__MC1                          // 调用机床内取件程序
7: Do[ 101 ] =ON                         // 取件结束信号
8: END
9: LBL[ 999 ]
10: L P[1]2000 mm/sec CNT50              // 按原来路径退回
11: L PR[1 :HOME]2000 mm/sec FTNE        // 回 HOME 位置
12: ULAM[1]                              // 用户报警
END
```

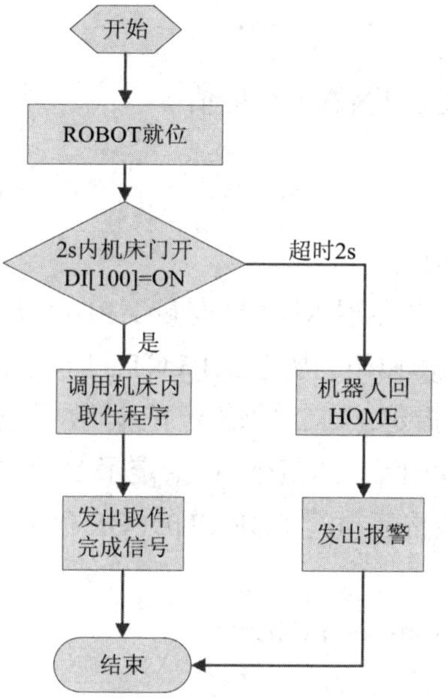

图 5-33 机器人工作流程

5.3.5 FOR/ENDFOR 指令

FOR/ENDFOR 指令是任意次数重复执行由 FOR 指令和 ENDFOR 指令包围区间指令的一种指令，可以多层嵌套，如图 5-34 所示。在程序编辑界面【 INST 】功能下进行指令示教。

图 5-34 FOR/ENDFOR 指令

FOR/ENDFOR 指令中存在 2 个指令，即 FOR 指令和 ENDFOR 指令。

FOR 指令表示 FOR/ENDFOR 区间的开始。

ENDFOR 指令表示 FOR/ENDFOR 区间的结束。

通过用 FOR 指令和 ENDFOR 指令来包围希望重复执行的指令区间，就形成 FOR/ENDFOR 区间。根据由 FOR 指令指定的值，确定重复 FOR/ENDFOR 区间的次数。

指令格式如下：

FOR（计数器）=（初始值）TO（目标值）

……

EDNFOR

或

FOR（计数器）=（初始值）DOWNTO（目标值）

……

EDNFOR

计数器只能使用寄存器 R[i]。

初始值、目标值使用常数、寄存器 R[i]、自变量 AR[i]。常数可使用 −32 768~32 767 的整数。指定 TO 时，初始值在目标值以下；指定 DOWNTO 时，初始值在目标值以上。

执行 ENDFOR 指令时，在指定了 TO 的情况下，计数器被自动加 1，如计数器的值小于目标值，就重复执行 FOR/ENDFOR 区间的指令；在指定了 DOWNTO 的情况下，计数器被自动减 1，如计数器的值大于目标值，就重复执行 FOR/ENDFOR 区间的指令。

程序示例如下：

```
1: J PR[1;HOME]1000mm/sec FINE
2: FOR R[i]= 1 TO 6
3: L P[1] 1000mm/sec FINE
4: L P[2] 1000mm/sec FINE
5: L P[3] 1000mm/sec FINE
6: L P[4] 1000mm/sec FINE
7: ENDFOR
8: J PR[1:HOME] 1000mm/sec FINE
END
```

任务四　其他指令

5.4.1　位置补偿条件指令 / 位置补偿指令

1. 指令格式

位置补偿条件指令：

OFFSET CONDITION PR[i]/　（偏移条件 PR[i]）

位置补偿指令：

OFFSET

通过此指令可以将原有的点偏移，偏移量由位置寄存器决定。位置补偿条件指令一直有效到程序运行结束或者下一个位置补偿条件指令被执行。

注意：位置补偿条件指令只对包含控制动作指令 OFFSET（偏移）的动作语句有效。

例如：
1. OFFSET CONDITION PR[1]
2. J P[1] 100% FINE
3. L P[2] 500mm/sec FINE offset

例如：
1. J P[1] 100% FINE
2. L P[2] 500mm/sec FINE offset ， PR[1]

两者是相等的

2. 在程序中加入偏移指令

步骤如下：

（1）进入编辑界面；

（2）按【F1】—【INST】（指令）键，显示控制指令一览，如图 5-35 所示；

（3）选择【Offset/Frames】（设定偏移 / 坐标），按【ENTER】（回车）键确认；

（4）选择【OFFSET CONDITION】（偏移 OFFSET 条件）项，按【ENTER】（回车）键确认，显示如图 5-36 所示画面；

（5）选择【PR[ ]】项，并输入偏移的条件号即可；

（6）具体的偏移值可在【DATA】（数据）—【Position Reg】（位置寄存器）中设置。

图 5-35　输入位置补偿指令 1

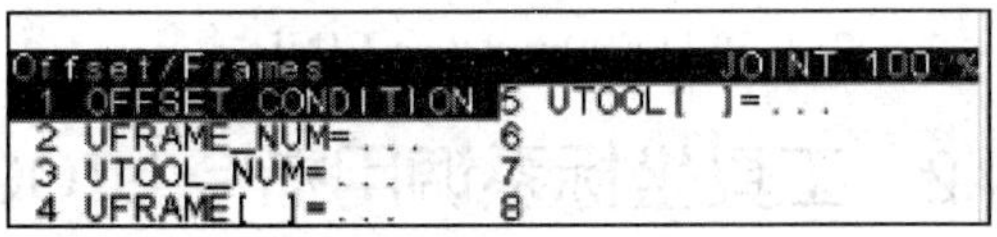

图 5-36　输入位置补偿指令 2

3. 应用分析

例 5-11

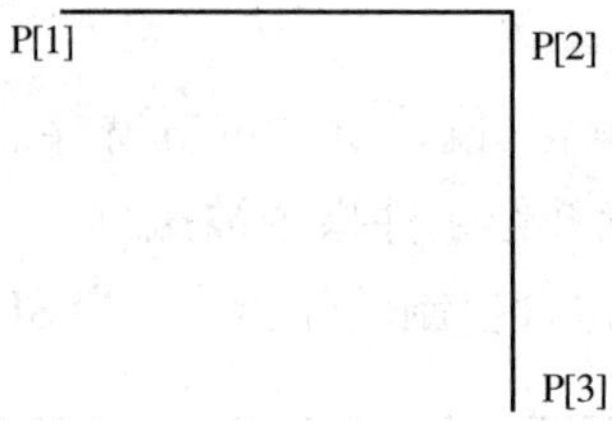

1: J P[1] 100% FINE

2: L P[2] 500mm/sec FINE

3: L P[3] 500mm/sec FINE

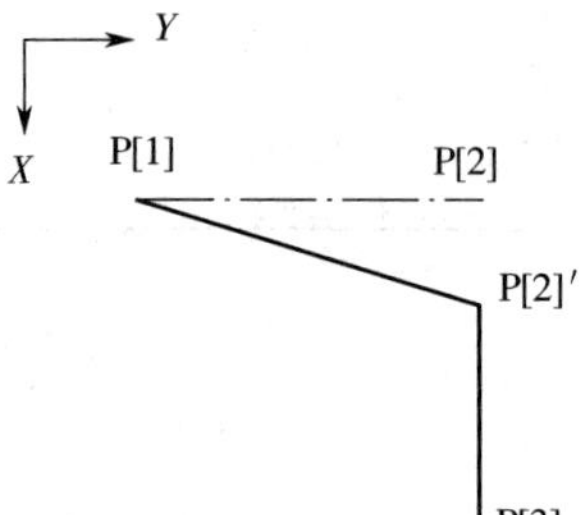

P[2]=P[2]+PR[1]

PR[1]:	X 100	W 0
	Y 0	P 0
	Z 0	R 0

例 5-12

1: OFFSET CONDITION PR[1]

2: J P[1] 100% FINE

3: L P[2] 500mm/sec FINE offset

4: L P[3] 500mm/sec FINE

例 5-13

1: J P[1] 100% FINE

2: L P[2] 500mm/sec FINE offset, PR[1]

3: L P[3] 500mm/sec FINE

5.4.2 工具坐标系调用指令 UTOOL_NUM

工具坐标系选择指令是改变当前所选的工具坐标系编号。

在程序中加入 UTOOL_NUM 指令的步骤如下：

（1）进入编辑界面；

（2）按【F1】—【INST】（指令）键，显示控制指令一览，如图 5-37 所示；

（3）选择【Offset/Frames】（设定偏移 / 坐标），按【ENTER】（回车）键确认；

（4）选择 UTOOL_NUM（工具坐标号），按【ENTER】（回车）键确认，显示如图 5-38 所示画面；

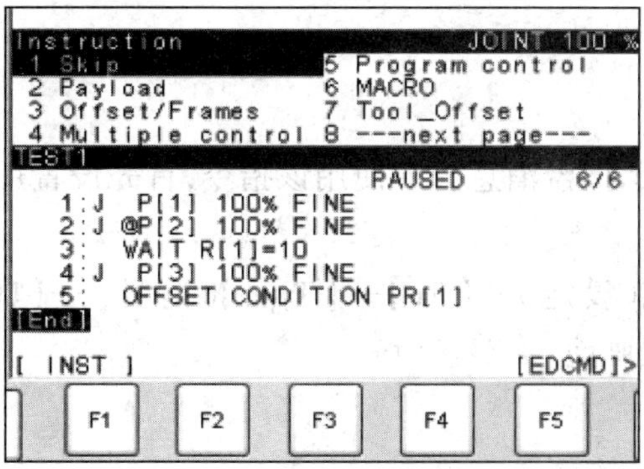

图 5-37　加入 UTOOL_NUM 指令 1

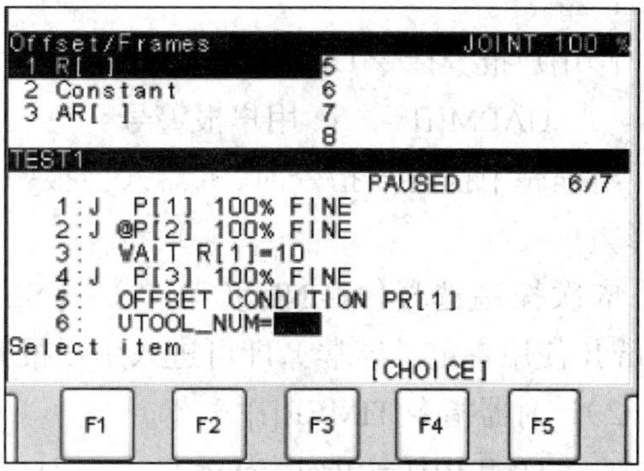

图 5-38　加入 UTOOL_NUM 指令 2

（5）选择 UTOOL_NUM（工具坐标号）值的类型，并按【ENTER】（回车）键确认；

（6）输入相应的值（工具坐标号 1~10）。

5.4.3　用户坐标系调用指令 UFRAME_NUM

用户坐标系选择指令是改变当前所选的用户坐标系编号。

在程序中加入 UFRAME_NUM 指令的步骤如下：

（1）进入编辑界面；

（2）按【F1】—【INST】（指令）键，显示控制指令一览，如图 5-39 所示；

（3）选择【Offset/Frames】（设定偏移 / 坐标），按【ENTER】（回车）键确认，显示如图 5-40 所示画面；

（4）选择 UFRAME_NUM（用户坐标号），按【ENTER】（回车）键确认；

（5）选择 UFRAME_NUM（用户坐标号）值的类型，并按【ENTER】（回车）键确认；

（6）输入相应的值（用户坐标号 0~9）。

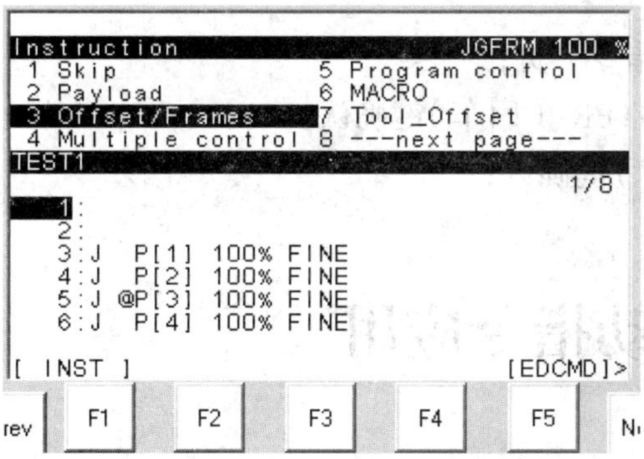

图 5-39　加入 UFRAME_NUM 指令 1

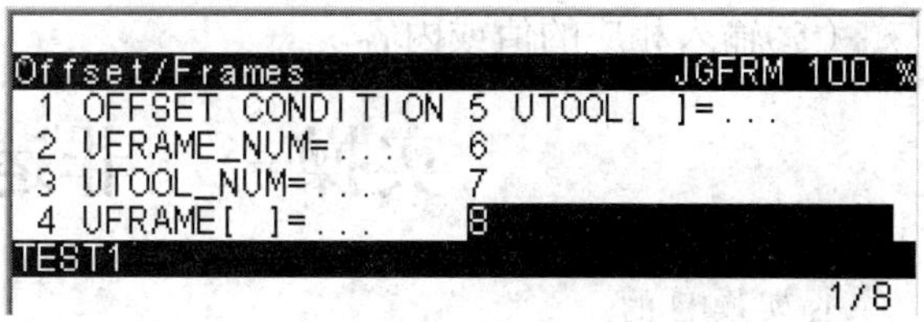

图 5-40　加入 UFRAME_NUM 指令 2

5.4.4 其他指令

1. 指令

1)用户报警指令 UALM[i]

UALM[i] i:用户报警号

当程序中执行该指令时,机器人会报警并显示报警消息。要使用该指令,首先设置用户报警。

依次按键选择【MENU】(菜单)→【SETUP】(设定)→【F1】—【Type】(类型)→【User alarm】(使用者定义异常),即可进入用户报警设置画面。

2)计时器指令 TIMER[i]

TIMER[i] =(Processing) i:计时器号

Processing:START,STOP,RESET

依次按键选择【MENU】(菜单)→【NEXT】(下一页)→【STATUE】(状态)→【F1】—【Type】(类型)→【Prg Timer】(程序计时器)即可进入程序计时器一览显示画面。

3)倍率指令 OVERRIDE

OVERRIDE=(value)% value=1 to 100

4)注释指令 ! (Remark)

!(Remark)

Remark:注解,最多可以有 32 字符。

5)消息指令 Message[message]

Message [message]

message:消息,最多可以有 24 字符。

当程序中运行该指令时,屏幕中将会弹出含有 message 的画面。

2. 在程序中加入这些指令

步骤如下:

(1)进入编辑界面;

(2)按【F1】—【INST】(指令)键,显示控制指令一览;

(3)选择【Miscellaneous】(其他指令),按【ENTER】(回车)键确认;

(4)选择所需要的指令项,按【ENTER】(回车)键确认;

(5)输入相应的值或内容。

实操一 非运动指令应用

1. 实操目的

(1)理解寄存器指令、信号指令、条件比较指令、条件选择指令、等待指令、跳转/标签指令、偏移条件指令、工具坐标系调用指令、用户坐标系调用指令等。

（2）掌握以上指令的编辑和应用。

2. 实操设备

FANUC 机器人搬运工作站 1 套。

3. 内容和步骤

（1）模式开关置于 T1 挡。

（2）开机。

（3）创建新程序 Test4，并进入程序界面。

（4）熟悉指令的输入。

①通过按【NEXT】键，使【F1】对应【INST】功能。

②按【F1】—【INST】，显示指令框，通过该界面及数字按键 8 切换选择需要的指令框内容，选择需要的指令，指令列表如下。

Registers 寄存器指令：选择 Registers 项。 I/O 信号指令：选择 I/O 项。 IF 条件比较指令：选择 IF/SELECT 项。 SELECT 条件选择指令：选择工 F/ SELECT 项。 WAIT 等待指令：选择 WAIT 项。 JMP 跳转指令：选择 JMP/LBL 项。 LBL 标签指令：选择 JMP/LBL 项。 CALL 呼叫指令：选择 CALL 项。 OFFSET 偏移条件指令：选择 OFFSRT 项。 UTOOL NUM 工具坐标系调用指令：选择 offsetlFrames 项。 UFRAME NUM 用户坐标系调用指令：选择 offsetlFrames 项。 UALM[] 用户报警指令：选择 Miscellaneous 项。 TIMER[] 计时器指令：选择 Miscellaneous 项。 OVERRIDE 速度倍率指令：选择 Miscellaneous 项。 !(Remark) 注释指令：选择 Miscellaneous 项。 Message[] 消息指令：选择 Miscellaneous 项。

（5）建立程序名为 HOME 的程序。

```
1: J PR[1:HOME] 100% FINE
[END]
```

建立含 PR[] 的运动指令。

①把机器人点动到 HOME 点附近。

HOME 点：

J1=0.000，J2 =0.000，J3 =0.000，J4 =0.000，J5=−90.000，

②用【SHIFT】+【F1】POINT 记录该位置。

③光标移到 P[1] 处，按【F4】CHOICE →选择 PR[]，输入位置寄存器号 1。

④按【SHIFT】+【F5】TOUCHUP，把该位置记录在 PR[1] 内。

⑤按【Data】→按【F1】Type →选择 Position Reg →按【ENTER】确认。

⑥移动光标到 PR[1] 对应的值 R 项上→按【F4】POSITION 键。

⑦按【F5】REPRE →选择 Joint →按【ENTER】确认，查看 PR[1] 所记录各轴的值。

⑧将 PR[1] 的各值（J1~J6）按照 HOME 数据（J1 =0.000，J2=0.000，J3 =0.000，J4=0.000，J5 =-90.000，J6 = 0.000）更改，每个数据更改时，先输入相应值，再按【ENTER】确认。

⑨执行 HOME 程序，观察机器人是否有动作。

⑩按【POSITION】，查看机器人当前是否在 HOME 点位置。

（6）按照以下内容，建立程序 PART1。

1:TIMER[1] =RESET // 将 1 号计时器清空

2:TIMER[1]= START // 启动 1 号计时器

3:UTOOL_NUM =1 // 调用 1 号工具坐标

4:UFRAME_NUM = 1 // 调用 1 号用户坐标

5:OVERRIDE=30% // 设定程序执行时的速度倍率为 30%

6:R[1]=0 // 将 1 号一般寄存器数值置 0

7:CALL HOME // 呼叫 HOME 程序

8:LBL[1] // 设定标签 LBL1

9:J P[1]100% FINE // 示教 1 号位置点

10:JP[2] 100% FINE Offset，PR[6] // 示教 2 号位置点，并在运动指令后添加偏移指令，PR[6] 值要先设定

11:JP[3]100% FINE // 示教 3 号位置点

12:R[1]=R[1] +1 // 累加 1 号寄存器的值

13:IF R[1]<3，JMP LBL[1] // 如果 1 号寄存器的值小于 3，则跳转到 1 号标签处开始执行

14:WAIT 2.00 (sec) // 等待 2s

15:CALL HOME // 呼叫 HOME 程序

16:Message [PART1 FINISH] // 消息指令，当执行到该语句时，屏幕会跳出 USER 界面，显示 Message 内容:PART1 FINISH，每执行该指令一次，则显示界面的内容增加一遍记录，机器人重启后，USER 界面内的显示内容将清空

17:TIMER[1] =STOP // 停止 1 号计时器

18:! PART1 FINISHED // 注释:PART1 FINISHED

【END】 结束

（7）按【Data】→按【F1】Type 1 →选择 Registers →按【ENTER】确认。

（8）执行程序 PART1，观察 R[1] 值的变化。

（9）记录程序执行时间。

①程序执行完毕按【MENU】→输入 0。

②按【ENTER】确认，进入计时器

③按【STATUE】→按【F1 TYPE】→选择 Prg Timer →界面。

④记录计时器 1 的时间。

(10)操作结束，请老师检查。

(11)将机器人恢复至 HOME 位置。

(12)关机。

实操二　轨迹示教非运动指令应用

1. 实操目的

(1)理解工程程序的编写组织。

(2)提高综合编程能力。

2. 实操设备

FANUC 机器人搬运工作站。

3. 实操内容

如图 5-41 所示为实训工业机器人搬运模块，机器人从 HOME 位置出发，在待命点时如果检测到传送带上有工件，机器人从传送带处抓取工件放至工作台的托盘上，当托盘放满后机器人回到 HOME 位置。请编写程序。

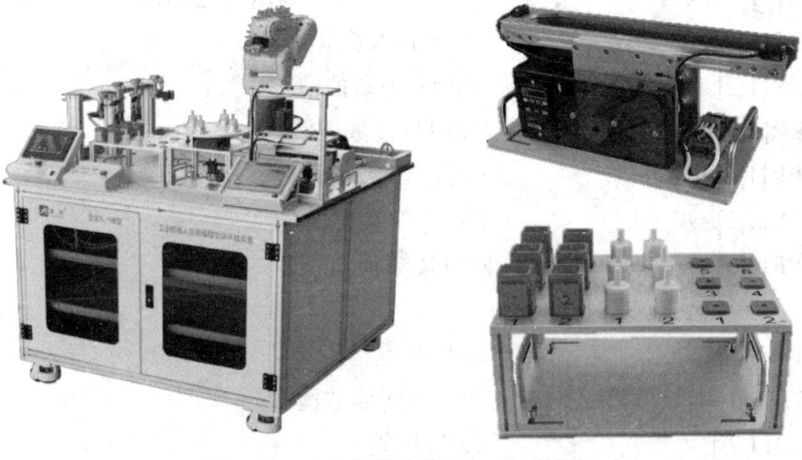

图 5-41　工业机器人搬运工作站模块

程序示例如下：

```
RSR0001(主程序)
1: TIMER[1] =RESET        //1 号计时器清零
2: TIMER[1] = START   //1 号计时器开始计时
3: UTOOL NUM= 1          // 使用 1 号工具坐标
4: UFRAME NUM=1           // 使用 1 号用户坐标
```

```
5: OVERRIDE=50%    // 速度倍率为 50%
6: CALL HOME          // 调用 HOME 程序
7: CALL PART1        // 调用工件程序
8: CALL HOME        // 调用 HOME 程序
9: TIMER[1] =STOP       //1 号计时器结束计时
[END]
HOME
1: !TO HOME // 注释
2: L PR[2: HOME] 1000mm/sec FINE       //HOME 位置
[END]
PART1
1: LP[1]1000mm/sec FINE   // 机器人待命点
2: DO[1]=ON                               // 手爪打开
3: WAIT 0.5sec                          // 延时 0.5s
4: $WAITTMOUT= 300                  // 等待超时时间为 3s
5: WAIT DI[1]=OFF TIMEOUT,LBL[4]                    // 判断手爪上是否有工件
6:
7: R[1] =0                              //Y 方向计数清零
8: PR[1] =LPOS                         // PR[1] 格式确认为直角形式
9: PR[1,1]=0                          // Pr[1] X 数值清零
10: PR[1,2] =0                       // pr[1]Y 数值清零
11: PR[1,3]=0                       // PR[1] Z 数值清零
12: PR[1,4]=0                      // PR[1] W 数值清零
13: PR[1,5] =0                     // PR[1] P 数值清零
14: PR[1,6] =0                   // PR[1] R 数值清零
15:
16: LBL[1]                        //1 号标签
17:R[2]=0                           //X 方向计数清零
18:LBL[ 2 ]                        //2 号标签
19:WAIT DI[2] =ON              // 等待工件到位信号
20:L P[2] 1000mm/sec CNT10                     // 抓取接近点
21:L p[3 ]  1000mm/sec FINE                    // 抓取点
22:Do[1] =OFF                    // 手爪关闭
23:WAIT 0.5sec                 // 延时 0.5s
24: $WAITTMOUT= 200             // 等待超时时间为 2s
25:WAIT DI[1 ]= ON TIMEOUT,LBL[3]              // 判断手爪上是否有工件
```

```
26:L P[2] 1000mm/sec FINE    // 抓取离开点
27:L P[4] 1000mm/sec FINE,OFFSET PR[1]    // 摆放接近点
28:L P[5] 1000mm/sec FINE,OFFSET PR[1]    // 摆放点
29:Do[1] =ON                              // 手爪打开
30:WAIT 0.5sec                           // 延时 0.5s
31: $WAITTMOUT= 200                              // 等待超时时间为 2s
32:WAIT DI[1]=OFF TIMEOUT, LBL[4]    // 判断手爪上是否有工件
33: L P[4] 1000mm/sec FINE ,OFFSET PR[1]    // 抓取离开点
34: PR[1,1] =PR[1,1]+200              //X 方向增加 200 mm 偏移量
35:R[2]=R[2]+1                                //X 方向计数加 1
36:IF R[2]<3,JMP LBL[2]                 // 若 X 方向计数小于,3 则跳转至 2 号标签处
37:PR[1,1]=0                              //X 方向数值清零
38:PR[1,2]=PR[1,2]+200              //Y 方向增加 200 mm 偏移量
39:R[1]=R[1]+1                            // Y 方向计数加 1
40: IF R[1]<3,JMP LBL[1]          // 若 Y 方向计数小于 3,则跳转至 1 号标签处
41:MESSAGE[ FINISH]                // 消息提示
42:END                                     // 程序结束
```

拓展阅读

国产光刻机往事:突破和改变正在发生

在国人普遍对光刻机唉声叹气之时,全球光刻机龙头 ASML 首席执行官彼得·温宁克却曾表示:“如果不将光刻机卖给中国,五年之内,他们必将掌握所有的 EUV 光刻技术,十五年之后,ASML 公司或将失去行业话语权!”

我们能做到吗?

1956 年,周恩来总理收到了一份 600 万字的草案,在这份《1956—1967 年科学技术发展远景规划纲要》中,中科院的学部委员们提出了 57 项重点发展任务。

看着厚厚的资料,周总理向专家们请教:“这么多重点,国务院应该主要抓哪些?”

最终, 57 项任务被凝结为四大紧急措施:计算技术、无线电电子学、自动学和远距离操作技术以及半导体技术。

新中国对半导体的重视的确不算晚。两年后,美国德州仪器的基尔比、仙童半导体的诺伊斯,才几乎同时做出人类史上的第一块集成电路,打开了潘多拉魔盒。

作为集成电路(芯片)制造的必备设备,光刻机从此走上历史舞台,走进发展快车道。中国光刻机的发展,也从此时开始。

1961 年,美国 GCA 公司制造出了第一台接触式光刻机。而一个广为流传的说法是, 1966 年,中科院下属 109 厂就与上海光学仪器厂协作,研制成功了我国第一台 65 型接触式光刻机。

早期的光刻机复杂程度和照相机差不多,技术难度不高,所以大家的差距也没那么大。

半导体市场的快速发展，推动着光刻机的需求和发展。日本的佳能、尼康，美国的 GCA 公司，以及接受军方投资的 PerkinElmer 公司，都开始进入这一领域，中国虽然相对落后，但在相当长时间内，也算是亦步亦趋地紧跟产业步伐。

即便在动荡年代，中国也依然在向光刻机产业发起冲锋，虽然这个过程充满艰辛。

1971 年，在江西鄱阳湖畔学习水稻种植的徐端颐，突然接到一个来自北京的电话，原本就是清华大学精密仪器系教师的他，要我回京负责新一代光刻机的研发。

清华大学为徐端颐配备了数百人的团队，有技术超群的钳工，有搞精密机械加工和从其他单位调来的搞计算机控制的老师和技术工人。群贤毕至，却没有一个人搞过光刻机。

组建这样一个“草台”班子，多少有些无奈。

新中国刚成立没多久，美国、英国、日本等 17 个国家搞了一个国际巴黎统筹委员会（简称巴统），旨在限制成员国向社会主义国家出口战略物资和高技术，列入禁运清单的有军事武器装备、尖端技术产品，中国也在封禁之列。

随着半导体的蓬勃发展，光刻机也被巴统列为尖端技术产品，对华实行禁运。而国内很少有从事光刻机的专业人才，只能从相关学科中调兵遣将。

底子薄、基础差，还有巴统这样的“镣铐”，落后在所难免。

1973 年，美国 PerkinElmer 公司推出首台扫描投影光刻机，这种光刻机精度高，又改变了把光掩模压在光刻胶上的技术路线，芯片生产的合格率从 10% 一夜之间提升到 70%。但国内仍停留在接触式光刻机时代。

落后就要挨打，深深地刻在一代人的印记里，得到消息的中国决心奋起直追。

1977 年，在江苏吴县（今苏州吴中区）专门开了一场光刻机技术座谈会，与会的 67 名代表指出：光刻设备和工艺极为重要，要提高光刻机技术，让中国半导体设备赶超世界先进水平。

人的潜力，在中国第一代光刻机从业者身上发挥到极致。

没有资料，只能靠自己摸索，徐端颐和团队成员边干边学，没日没夜地加班攻关，终于在 1980 年造出了国内第一台投影光刻机。

1985 年，中科院 45 所在光刻机领域取得了重大进展，研制出分步投影式光刻机，被认定达到了 1978 年美国 GCA 公司推出的光刻机水准。当时，日后的光刻机巨头 ASML 公司才刚刚诞生。

国产光刻机有一个好的起点，但尴尬的是，因为当时国内半导体产业整体太薄弱，国产光刻机虽然研发出来，却没有很好的下游应用市场，无法真正走上市场和商业化的道路，只能停留在实验室研究阶段。

此后的二三十年，这种现实愈演愈烈，中国光刻机对外的差距也越来越大。

……

党的二十大报告提出：要“推动战略性新兴产业融合集群发展，构建新一代信息技术、人工智能、生物技术、新能源、新材料、高端装备、绿色环保等一批新的增长引擎”。芯片作为信息技术产业的基石，大量高素质服务生产一线的集成电路人才的培养尤为重要，职业教育在这个领域应该有所作为，也能有所作为。习近平总书记在二十大报告中指出：“统筹职业教育、高等教育、继续教育协同创新，推进职普融通、产教融合、科教融汇，优化职业教育类型定位。”为职业教育高质量发展指明了方向。

思考与练习

1. 填空题

（1）在执行跳过指令时，若跳过条件满足，程序执行____________指令。

（2）指令 J P [1] 50% FINE Offset 中，Offset 是____________指令。

（3）指令 J P [1] 50% FINE Tool_ Offset，PR [2] 是____________指令。

（4）在位置寄存器指令中，LPOS 是指____________。

（5）在位置寄存器要素指令 PR[i,j] 中，j=5 表示____________。

（6）对于指令 DO[1]=R[2]，若 R[2] 的值是 3，则数字输出信号是____________。

（7）对于指令 RO[2]=PULSE,0.2sec，机器人接通输出信号是____________。

（8）指令 WAIT DI[2]<> OFF, TIMEOUT LBL [1] 是____________指令。

（9）指令 SKIP CONDITION DI[R[1]]<>ON 是____________指令。

（10）对于赋值语句 DO[1]=(DI[1]AND(GI[1]=GI[2]))，右边的“=”表示____________。

（11）数值寄存器指令 R(i)=(值) MOD (值) 表示____________。

（12）位置寄存器要素指令 PR (1,1)= R(3) 表示____________。

2. 判断题

（1）位置补偿条件指令，不一定要在执行位置指令前执行。　（　　）

（2）以关节形式示教的情况下，变更用户坐标系会对位置变量、位置寄存器产生影响。　（　　）

（3）以直角形式示教的情况下，位置变量、位置寄存器会受到用户坐标系的影响。（　　）

（4）位置寄存器在两个程序之间共用时，两个程序不需要具有相同的工具和用户坐标系。　（　　）

（5）寄存器支持“+”、“-”、“*”、“/”四则运算和多项式，“+”、“-”和“*”、“/”可在同行混合使用。　（　　）

（6）关节动作 J 是指工具在两个指定的点之间直线运动，不进行轨迹控制和姿势控制。　（　　）

（7）圆弧运动 C 是指在三个指定的点（P1、P2、P3）之间任意运动，即从动作开始点（P1）通过经由点（P2）到结束点（P3），以圆弧对工具刀尖点移动轨迹进行控制的一种移动方法。　（　　）

（8）直线动作 L 是指工具在两个指定的点之间沿直线运动，以线性方式对从动作开始点到结束点的刀尖点移动轨迹进行控制的一种移动方法。　（　　）

（9）以直角形式示教的情况下，位置变量、位置寄存器不会受到用户坐标系的影响。

（10）紧靠 WAIT 指令前的动作中附加有中断指令时，下一个动作不会开始，直到 WAIT 指令的条件满足为止。　（　　）

(11)对于条件选择指令，指令 SELECT R[i]=abc, JMP LBL [] 是正确的。 (　　)

(12)在一个嵌套结构中，不可以在计数器中重复使用相同的寄存器。 (　　)

(13)FOR/ENDFOR 指令最多可以嵌套 10 层。 (　　)

3. 程序编写题

要求：

(1)用所学的知识完成如下轨迹的机器人程序，并进行示教检验；

(2)1→2、2→3、7→8、8→9、9→10、10→7 为圆弧运动；

6→1、3→4、4→5、5→6、6→7、7→6 为直线运动；

(3)先画图 1，循环 3 次，等待 3 秒，再画图 2，轨迹如图 5-42 所示；

(4)10 个位置在同一平面。

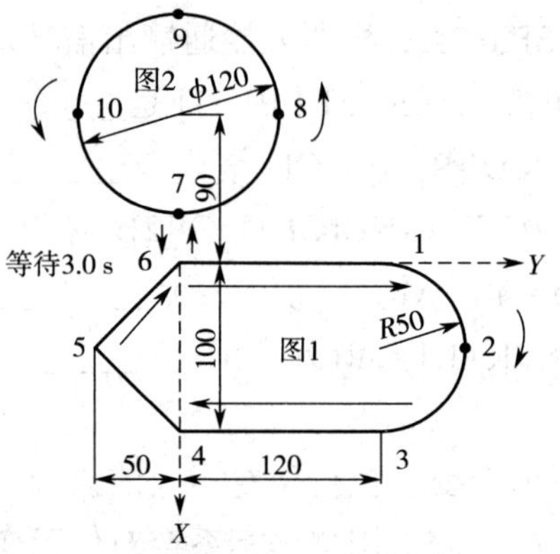

图 5-42 轨迹图

项目六　发那科工业机器人典型应用编程

思政导入

随着智能制造、智能科技大放异彩，我国在工业制造，尤其是工业智能制造上的发展越来越规模化。而我国也将逐步从全球第一制造大国进步发展到第一智能制造大国，以工业机器人为标志的智能制造在各行业的应用越来越广泛。党的二十大报告中对智能制造发展的指导，既有理论高度又有实践深度，对加快推进新型工业化、建设制造强国具有重要意义。深入贯彻党的二十大报告精神，推动制造业智能化发展，以智能制造为主攻方向，推进新型工业化，加快建设制造强国。新一轮科技革命和产业变革与我国加快转变经济发展方式形成了历史性交汇，智能制造是制造业创新发展的主要技术路线，是制造业转型升级的主要技术路径，要坚持以创新为第一动力，以智能制造为主攻方向，推进制造业数字化转型、智能化升级，推动中国制造业由大变强。

工业机器人前期被应用于汽车制造业，如今常应用于喷漆、焊接、搬运以及上下料等工作。它可以代替人们在危险、有毒、有害、低温以及高温等恶劣环境中工作，能够完成繁重且单调的劳动，提高了劳动效率，保证了产品质量。

人类将不可避免地迎来一个崭新的以机器人为代表的智能时代。机器人的智能会超过人类吗？未来的机器人是人类的帮手还是对手？不管怎样，人们没有别的选择，历史的潮流已经汹涌而至，必须张开双臂勇敢地拥抱这个时代。毕竟，正如爱因斯坦所言："科学是一种强有力的工具。怎样用它，究竟是给人类带来幸福还是带来灾难，全取决于人自己，而不取决于工具。"

本项目将模拟工业机器人在实际生产中的应用场景，进行轨迹、搬运方面的实训练习。

任务一　工业机器人轨迹任务实训

6.1.1　多任务编程实训

1. 知识目标

（1）了解多任务方式编制程序的特点。

（2）了解多任务程序的启动方法。

（3）掌握母程序与子程序的相关调用功能。

2. 技能目标

(1)能够根据任务将程序进行子母程序的划分。

(2)能够进行简单多任务编程。

3. 知识准备

1)多任务功能的概念

多任务功能是指同时执行多个程序的功能。任务是指执行中的程序。例如,若使用多任务功能,机器人可同时执行控制机器人的程序以及控制外部设备和(多组)附加轴的程序进行作业,并行执行各程序,可缩短循环时间,机器人动作时对输入信号等状态进行监控。

2)编制程序时的注意事项

(1)信号控制程序和数据读取专用程序不使用动作组,所以务必设定为不使用动作组。程序详细界面中的组任务设定为[*,*,*,*,*,*,*]。

(2)使用相同动作组的程序不能同时并行执行。

(3)可同时执行不同动作组的程序。

3)多任务的启动方法

可从某一程序中使用 RUN(执行)指令作为启动多任务的其他程序。此时,启动其他程序的程序称作母程序,被启动的程序称作子程序。RUN 指令应用如图 6-1 所示。

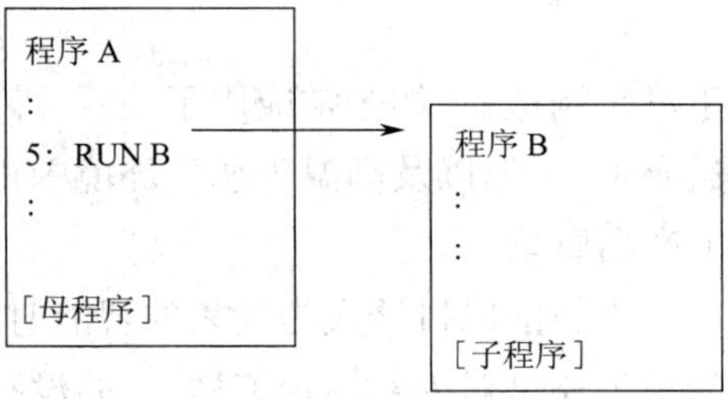

图 6-1 RUN 指令应用

上述示例中,从程序 A 中,通过 RUN(执行)指令启动程序 B,程序 A 和程序 B 同时执行。此时,程序 A 为程序 B 的母程序,程序 B 为程序 A 的子程序。

当程序 B 已执行或暂停时,若通过 RUN(执行)指令执行程序 B,则机器人发出报警,程序 A 的执行被中断。此时,在执行程序 A 之前,必须先退出程序 B。

4)母程序与子程序相关的动作

(1)母程序与子程序暂停时:

①若选择母程序再执行,也将再执行子程序;

②若选择子程序再执行,则只再执行子程序;

③若选择母程序后执行后退,则子程序也执行后退;

④若选择子程序后执行后退,则仅子程序执行后退。

(2)母程序正在执行而子程序暂停时:

①因为母程序正在执行中,所以不能选择母程序(前进、后退);

②若选择子程序再执行，则只再执行子程序；

③若选择子程序后执行后退，则仅子程序执行后退；

(3)母程序暂停而子程序正在执行时：

①若选择母程序再执行，将再执行母程序，子程序将继续当前的执行；

②若选择子程序再执行，子程序将继续当前的执行，不能再执行母程序；

③若选择母程序后执行后退，则母程序执行后退，子程序继续当前的执行；

④即使选择了子程序执行后退，子程序也不执行后退，继续当前的执行，母程序也不执行后退。

(4)执行单步骤：

①若通过单步骤执行母程序，子程序也通过单步骤执行；

②若选择子程序单步骤执行，则只单步骤执行子程序。

(5)程序执行中断、强制结束：

①当程序执行中断、强制结束时，母程序和子程序之间不联动；

②即使中断、强制结束母程序，也不影响子程序的执行；

③母程序的后退执行，当母程序执行后退时，若出现 RUN(执行)指令，母程序不再执行后退，当母程序需通过 RUN(执行)指令来执行后退时，将光标移动至执行指令的前一行。

(6)使用执行指令启动子程序时的注意事项如下。

①若母程序执行前进 / 后退，子程序也务必执行前进 / 后退。

②当仅母程序需执行前进 / 后退时，结束子程序后，机器人执行前进 / 后退。

③当仅子程序需执行前进 / 后退时，选择子程序后，机器人执行前进 / 后退，无须结束母程序。

④执行后退时，仅执行动作语句。在母程序与子程序之间使用寄存器同步执行时，在后退执行中不同步，母程序和子程序单独执行后退。

4. 任务实施

(1)按人员分组，每组新建一个程序，任务为实现电机的装配功能，通过多任务功能的学习与创建过程，完成整个流程。

(2)新建一个主程序，并且建立三个子程序，分别为抓取电动机的转子、抓取电动机的端盖、抓取装配好的电动机至固定位置，各零部件如图 6-2 所示。

(3)记录电动机装配的整个过程。

（a）整体模块 （b）定子 （c）转子 （d）端盖

图 6-2 电动机装配模块

5. 任务评价

1）自我评价

由学生根据学习任务完成情况进行自我评价，并将评分值记录于表 6-1 中。

表 6-1 自我评价表

学习任务	学习内容	配分	评分标准	扣分	得分
任务一	1. 安全意识	10 分	①不遵守相关安全规范操作，酌情扣 2~5 分； ②有其他违反安全操作规范的行为，扣 2 分		
	2. 根据工作任务要求，完成机器人多任务程序的编制	50 分	①没有完成多任务程序的编制，每步扣 2 分； ②没有完成母程序与子程序的创建，每步扣 2 分； ③没有完成多任务程序的启动，扣 2 分； ④没有完成程序的连续与单步运行，每步扣 2 分		
	3. 观察记录	30 分	没有完成多任务程序的记录，每步扣 1 分		
	4. 职业规范与环境保护	10 分	①在工作过程中工具和器材摆放凌乱，扣 3 分； ②不爱护设备、工具，不节约材料，扣 3 分； ③完成工作后不清理现场，工作中产生的废弃物不按规定进行处理，各扣 2 分		
总评分 =（1~4 项总分）× 40%					

2）小组评价

由同小组的同学结合自评情况进行互评，并将评分值记录于表 6-2 中。

表 6-2 小组评价表

评价内容	配分	评分
1. 实训过程记录与自我评价情况	10 分	
2. 工业机器人多任务程序的编制	50 分	
3. 相互帮助与协作能力	20 分	
4. 安全、质量意识与责任心	20 分	
总评分 =（1~4 项总分）× 30%		

3)教师评价

由指导教师结合自评与互评结果进行综合评价，并将意见与评分值记录于表6-3中。

表6-3　教师评价表

教师总体评价意见：	
教师评分(30分)	
总评分=自我评分+小组评分+教师评分	

6.1.2　轨迹模块实训

1. 知识目标

(1)掌握机器人的运动指令。

(2)掌握机器人的点位示教。

(3)熟悉示教器的操作。

(4)了解示教界面的显示功能。

微课：轨迹模块运动控制

2. 技能目标

(1)能够根据轨迹任务进行编程。

(2)能够使用机器人自动更换夹具。

3. 任务描述

1)工作站硬件介绍

走轨迹训练工作站包含6轴工业机器人、伺服导轨、写字笔夹具、夹具库、走轨迹样板。

2)任务介绍

走轨迹样板如图6-3(a)所示，由平面三角形、平面风车图案、曲面整圆、曲面凹字形图案组成。

3)任务要求

要求利用工业机器人自动装载写字笔夹具，并在轨迹样板中分别绘制出曲面凹字形、曲面整圆、平面风车、平面三角形四种轨迹图案。

4)任务准备

将该模块安装于设备的合适位置，将写字笔夹具(图6-3(b))放置于快换夹具库内。

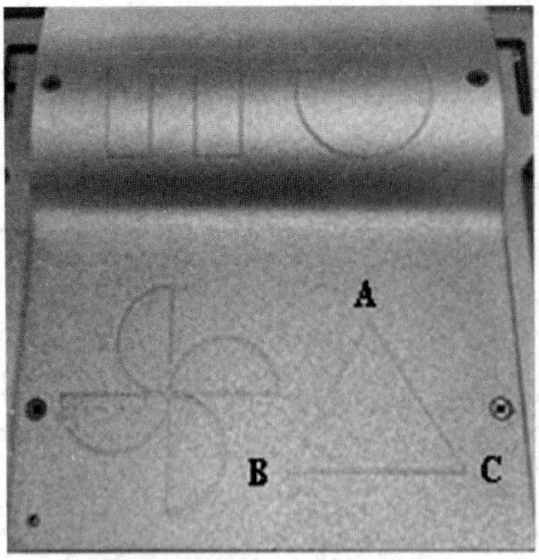

（a）估计样板

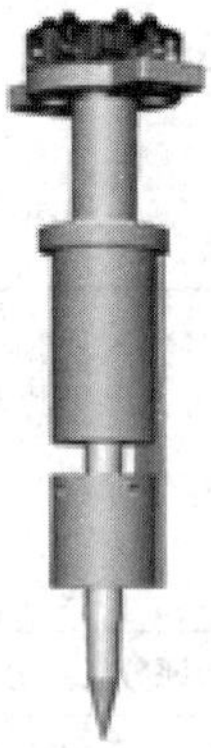

（b）写字笔夹具

图 6-3 轨迹任务工具

4. 知识准备

1）机器人指令

（1）L 线性运动：L 用于将工具中心点沿直线移动至给定目的，当 TCP 保持固定时，则该指令亦可用于调整工具方位。

（2）J 关节运动：当该运动无须位于直线中时，J 用于将机械臂迅速地从一点移动至另一点。机械臂和外轴沿非线性路径运动至目的位置，所有轴均同时达到目的位置。

（3）C 圆弧运动：C 用于圆弧运动方式，需要示教 2 个点位，即圆弧上的中间点以及末端点。 RO[1]=ON/OFF 用于置位和复位机器人专用 I/O 信号。

2）机器人 I/O 点位配置

机器人 I/O 点位配置见表 6-4。

表 6-4 机器人 I/O 点位配置

信号	信号功能
DI180	导轨寻原点完成后，只要导轨在 1 号位置，此信号一直为 ON 状态
DI181	导轨寻原点完成后，只要导轨在 2 号位置，此信号一直为 ON 状态
DI182	导轨寻原点完成后，只要导轨在 3 号位置，此信号一直为 ON 状态
DO180	导轨去 1 号位置
DO181	导轨去 2 号位置
DO182	导轨去 3 号位置
RO[1]	机器人快换夹具信号

5. 任务实施

1）实训步骤及方法

（1）将轨迹模块安装到桌面上合适位置。

（2）将写字笔夹具放置于快换夹具库内。

(3)使用机器人示教器对该模块进行示教编程。

2)主程序及子程序

主程序及子程序示例见表6-5。

表 6-5　示例程序

主程序:RSR0001 程序名称	
1:CALL INITIALIZE;	调用初始化子程序
2:CALL PICKTOOL1;	调用抓1号夹具子程序
3:CALL TRACK;	调用走轨迹子程序
4:CALL PLACETOOL1;	调用放1号夹具子程序
5:J PR[19] 100% FINE;	机器人回到HOME点
6:DO[181:OFF]=ON;	机器人导轨回到2号位置
7:WAIT DI[181:ON]=ON;	等到导轨移动到位
8:DO[181:OFF]=OFF;	导轨信号复位
9:END;	程序执行完毕
子程序:INITIALIZE 程序名(初始化)	
1:DO[180:OFF]=OFF;	复位导轨1号位置
2:DO[181:OFF]=OFF;	复位导轨2号位置
3:DO[182:OFF]=OFF;	复位导轨3号位置
4:RO[1:OFF]=OFF;	复位快换夹具信号
5:J PR[19] 20% CNT100;	机器人回到HOME点
6:END;	程序执行完毕
PICKTOOL1 程序名称(抓1号夹具)	
1:DO[180:OFF]=ON;	机器人导轨去1号位置
2:WAIT DI[180:OFF]=ON;	等待导轨到达1号位置
3:DO[180:OFF]=OFF;	复位导轨1号位置
4:J P[1] 20% CNT100;	安全点位
5:J P[2] 100% CNT100;	中间点位
6:L P[3] 50mm/sec FINE;	抓取点位
7:RO[1:OFF]=ON;	吸取一号夹具
8:WAIT 1.00(sec);	等待1 s
9:L P[4] 50mm/sec FINE;	抬起1号夹具
10:L P[5] 100mm/sec FINE;	移出1号夹具库
11:L P[6] 100mm/sec FINE;	抬起至安全位置
12:L PR[19] 100mm/sec FINE;	机器人回到HOME点
13:END	程序结束
TRACK 程序名称(走轨迹)	
1:L P[4] 100mm/sec FINE;	安全点位
2:L P[1] 100mm/sec FINE;	三角形图案起始点
3:L P[2] 100mm/sec FINE;	第一条边
4:L P[3] 100mm/sec FINE;	第二条边
5:L P[1] 100mm/sec FINE;	回到起始点
6:L P[4] 100mm/sec FINE;	抬起安全位置

续表

7:平面风车程序部分	
8:L P[5] 100mm/sec FINE;	中间点(起始点)
9:L P[6] 100mm/sec FINE;	走直线
10:C P[7]] 100mm/sec FINE;	走半圆
:P[8] 100mm/sec FINE;	
11:L P[9] 100mm/sec FINE;	走直线
12:C P[10]	走半圆
:P[8] 100mm/sec FINE;	
13:L P[11] 100mm/sec FINE;	走直线
14:C P[12]	走半圆
:P[8] 100mm/sec FINE;	
15:L P[13] 100mm/sec FINE;	走直线
16:C P[14]	走半圆
:P[8] 100mm/sec FINE;	
17:L P[4] 100mm/sec FINE;	抬起安全位置
18:走整圆部分	
19:L P[15] 100mm/sec FINE;	起始点
20:CP[16]	第一段圆弧
: P[17] 100mm/sec FINE;	
21:CP[18]	第二段圆弧
: P[19] 100mm/sec FINE;	
22:CP[20]	第三段圆弧
:P[21] 100mm/sec FINE;	
23:CP[22]	第四段圆弧
:P[15] 100mm/sec FINE;	
24:L P[4] 100mm/sec FINE;	抬起安全位置
25:走凹字图形	
26:L P[23] 100mm/sec FINE;	起始点
27:CP[24]	曲面圆弧
:P[25] 100mm/sec FINE;	
28:L P[26] 100mm/sec FINE;	走直线
29:CP[27]	曲面圆弧
:P[28] 100mm/sec FINE;	
30:L P[29] 100mm/sec FIN;	走直线
31:C P[30]	曲面圆弧
:P[31] 100mm/sec FINE;	
32:L P[32] 100mm/sec FINE;	走直线
33:C P[33]	曲面圆弧
:P[34] 100mm/sec FINE;	
34:L P[23] 100mm/sec FINE;	回到起始点
35:L P[4] 100mm/sec FINE;	抬起安全位置
36:J PR[19] 10% FINE;	机器人回到 HOME 点
END	运行结束

续表

PLACETOOL1 程序名称（放 1 号夹具）	
1:DO[180:OFF]=ON;	导轨去 1 号位置
2:WAIT DI[180:OFF]=ON;	等待导轨位置到达
3:DO[180:OFF]=OFF;	复位导轨 1 号位置信号
4:J P[1] 20% FINE;	中间点位
5:L P[2] 100mm/sec FINE;	准备移至 1 号夹具位置
6:L P[3] 100mm/sec FINE;	进入 1 号夹具位置
7:L P[4] 100mm/sec FINE;	达到 1 号夹具位置
8:RO[1:OFF]=OFF;	放置 1 号夹具
9:WAIT1.00(sec) ;	等待 1 s
10:L P[5] 100mm/sec FINE;	移至安全位置
11:END	程序结束

6. 任务评价

1）自我评价

由学生根据学习任务完成情况进行自我评价，并将评分值记录于表 6-6 中。

表 6-6　自我评价表

学习任务	学习内容	配分	评分标准	扣分	得分
任务一	1. 安全意识	10 分	①不遵守相关安全规范操作，酌情扣 2~5 分； ②有其他违反安全操作规范的行为，扣 2 分		
	2. 根据工作任务要求，使用示教器示教各关键点，完成机器程序的编制	50 分	①没有利用多任务程序的编制，扣 2 分； ②没有完成平面三角形轨迹，每步扣 2 分； ③没有完成平面风车轨迹，每步扣 2 分； ④没有完成曲面圆形轨迹，每步扣 2 分； ⑤没有完成曲面凹字形轨迹，每步扣 2 分		
	3. 观察记录	30 分	没有完成多任务程序的记录，每步扣 1 分		
	4. 职业规范与环境保护	10 分	①在工作过程中工具和器材摆放凌乱，扣 3 分； ②不爱护设备、工具，不节约材料，扣 3 分； ③完成工作后不清理现场，工作中产生的废弃物不按规定进行处理，各扣 2 分		
总评分 =（1~4 项总分）× 40%					

2）小组评价

由同小组的同学结合自评情况进行互评，并将评分值记录于表 6-7 中。

表 6-7　小组评价表

评价内容	配分	评分
1. 实训过程记录与自我评价情况	10 分	
2. 工业机器人各图形任务程序的编制	50 分	

续表

评价内容	配分	评分
3. 相互帮助与协作能力	20 分	
4. 安全、质量意识与责任心	20 分	
总评分 =（1~4 项总分）× 30%		

3）教师评价

由指导教师结合自评与互评结果进行综合评价，并将意见与评分值记录于表 6-8 中。

表 6-8 教师评价表

教师总体评价意见：	
教师评分（30 分）	
总评分 = 自我评分 + 小组评分 + 教师评分	

6.1.3 绘画模块实训

1. 知识目标

（1）掌握机器人的工件坐标系建立。

（2）掌握机器人的点位示教。

（3）掌握机器人的基本运动。

（4）掌握机器人程序的调用指令。

2. 技能目标

（1）能够根据轨迹任务进行编程。

（2）能够根据工作平面建立工件坐标系。

3. 任务描述

1）工作站硬件介绍

（1）六轴工业机器人。

（2）绘画模块。

（3）画笔夹具。

2）任务介绍

绘画模块上吸附一张附有图案的 A4 纸，其 A4 纸上的图案如图 6-4（a）所示，将 A4 纸正确吸附在绘画模块面板上，然后转动绘画模块，使面板处于一定的倾斜度，以此确定机器人画笔工作平面。

在工作面板图纸上，根据所要绘制的图案，建立合适的机器人用户坐标系，具体建立方法步骤可以参考“用户坐标系建立”相关章节内容，这里不再对建立过程进行叙述。

3）任务要求

（1）机器人安装画笔夹具。

（2）建立合适的工件坐标系。

（3）在斜平面上利用机器人绘制如图 6-4（a）所示的图形。

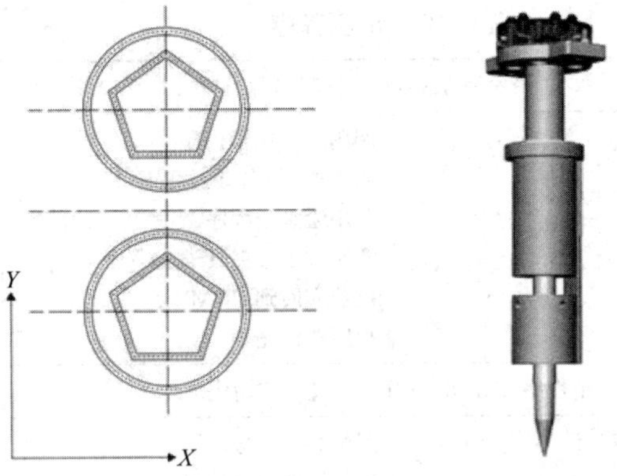

（a）所要绘制图案　　（b）画笔夹具

图 6-4　绘画任务

4）任务准备

将该模块安装于设备的合适位置，将写字笔夹具放置于快换夹具库内。

4. 知识准备

1）涉及指令

（1）L 线性运动：L 用于将工具中心点沿直线移动至给定目的，当 TCP 保持固定时，则该指令亦可用于调整工具方位。

（2）J 关节运动：当该运动无须位于直线中时，J 用于将机械臂迅速地从一点移动至另一点。机械臂和外轴沿非线性路径运动至目的位置，所有轴均同时达到目的位置。

（3）C 圆弧运动：C 用于圆弧运动方式，需要示教 2 个点位，即圆弧上的中间点以及末端点。

2）机器人 I/O 点配置

RO[1]=ON/OFF 用于置位和复位机器人专用 I/O 信号，见表 6-9。

表 6-9　机器人 I/O 点配置

信号	信号功能
RO[1]	机器人快换夹具信号

5. 任务实施

1）实训步骤及方法

（1）将准备好的 A4 纸吸附在绘画模块上，并在桌面上正确安装该模块。

(2)将吸盘夹具放置于快换夹具库内,并设置好该模块的角度。

(3)使用机器人示教器对该模块进行用户坐标系的建立。

(4)使用机器人示教器对该模块进行示教编程。

2)主程序及子程序

主程序及子程序示例见表 6-10。

表 6-10 示例程序

主程序:RSR0001 程序名称	
1:CALL INITIALIZE;	调用初始化子程序
2:CALL PICKTOOL1;	调用抓 1 号夹具子程序
3:CALL HUIHUA;	调用绘画子程序
4:CALL PLACETOOL1;	调用放 1 号夹具子程序
5:J PR[19] 100% FINE;	机器人回到 HOME 点
6:END	程序执行完毕
子程序:INITIALIZE 程序名(初始化)	
1:DO[180:OFF]=OFF ;	复位导轨 1 号位置
2:DO[181:OFF]=OFF ;	复位导轨 2 号位置
3:DO[182:OFF]=OFF ;	复位导轨 3 号位置
4:RO[1:OFF]=OFF ;	复位快换夹具信号
5:J PR[19] 20% CNT100 ;	机器人回到 HOME 点
6:END	程序执行完毕
PICKTOOL1 程序名称(抓 1 号夹具)	
1:DO[180:OFF]=ON ;	机器人导轨去 1 号位置
2:WAIT DI[180:OFF]=ON ;	等待导轨到达 1 号位置
3:DO[180:OFF]=OFF ;	复位导轨 1 号位置
4:J P[1] 20% CNT100 ;	安全点位
5:J P[2] 100% CNT100 ;	中间点位
6:L P[3] 50mm/sec FINE ;	抓取点位
7:RO[1:OFF]=ON ;	吸取 1 号夹具
8:WAIT1.00(sec) ;	等待 1s
9:L P[4] 50mm/sec FINE ;	抬起 1 号夹具
10:L P[5] 100mm/sec FINE ;	移出 1 号夹具库
11:L P[6] 100mm/sec FINE ;	抬起至安全位置
12:L PR[19] 100mm/sec FINE ;	机器人回到 HOME 点
13:END	程序结束
HUIHUA 绘画子程序	
1.DO[181:OFF]=ON ;	机器人导轨去:2 号位置
2.WAIT DI[181:OFF]=ON ;	等待导轨到达 2 号位置
3.DO[181:OFF]=OFF ;	复位导轨 2 号位置
4.UFRAME_NUM=1 ;	调用 1 号用户坐标系
5.J P[1] 2% FINE;	机器人移至安全点位
6.L P[2] 100mm/sec FINE;	机器人移至圆弧图案起始点
7.C P[3]	
8.P[4] 100mm/sec FINE;	机器人走第一个半圆弧
9.C P[5]	

续表

10.P[6] 100mm/sec FINE;	机器人走第一个整圆
11.L P[7] 100mm/sec FINE;	机器人抬起至安全点位
12.L P[8] 100mm/sec FINE;	机器人移至 5 边行第一点
13.L P[9] 100mm/sec FINE;	机器人移至 5 边行第二点
14.L P[10] 100mm/sec FINE;	机器人移至 5 边行第三点
15.L P[11] 100mm/sec FINE;	机器人移至 5 边行第四点
16.L P[12] 100mm/sec FINE;	机器人移至 5 边行第五点
17.L P[8] 100mm/sec FINE;	机器人回到 5 边行起始点
18.L P[13] 100mm/sec FINE;	机器人抬起安全点位
19.L P[14] 100mm/sec FINE;	机器人移至第二个圆起始点
20.C P[15]	
21.P[16] 100mm/sec FINE;	运行第二个半圆弧
22.C P[17]	
23.P[18] 100mm/sec FINE;	运行第二个整圆
24.L P[19] 4000mm/sec FINE;	抬起至安全点位
25.L P[20] 100mm/sec FINE;	5 边形第一个点位
26.L P[21] 100mm/sec FINE;	5 边形第二个点位
27.L P[22] 100mm/sec FINE;	5 边形第三个点位
28.L P[23] 100mm/sec FINE;	5 边形第四个点位
29.L P[24] 100mm/sec FINE;	5 边形第五个点位
30.L P[19] 100mm/sec FINE;	5 边形起始点位
31.L P[25] 100mm/sec FINE;	机器人回到安全点位
32. END	运行结束
PLACETOOL1 程序名称（放 1 号夹具）	
1:DO[180:OFF]=ON ;	导轨去 1 号位置
2:WAIT DI[180:OFF]=ON ;	等待导轨位置到达
3:DO[180:OFF]=OFF ;	复位导轨 1 号位置信号
4:J P[1] 20% FINE;	中间点位
5:L P[2] 100mm/sec FINE ;	准备移至 1 号夹具位置
6:L P[3] 100mm/sec FINE ;	进入 1 号夹具位置
7:L P[4] 100mm/sec FINE ;	达到 1 号夹具位置
8:RO[1:OFF]=OFF ;	放置 1 号夹具
9:WAIT1.00(sec) ;	等待 1s
10:L P[5] 100mm/sec FINE ;	移至安全位置
11:END	程序结束

6. 任务评价

1）自我评价

由学生根据学习任务完成情况进行自我评价，并将评分值记录于表 6-11 中。

表 6-11 自我评价表

学习任务	学习内容	配分	评分标准	扣分	得分
任务一	1. 安全意识	10 分	①不遵守相关安全规范操作，酌情扣 2~5 分； ②有其他违反安全操作规范的行为，扣 2 分		
	2. 根据工作任务要求，使用示教器示教各关键点，完成机器程序的编制	50 分	①没有利用多任务程序的编制，扣 2 分； ②没有完成图形绘制，每步扣 5 分		
	3. 观察记录	30 分	没有完成多任务程序的记录，每步扣 1 分		
	4. 职业规范与环境保护	10 分	①在工作过程中工具和器材摆放凌乱，扣 3 分； ②不爱护设备、工具，不节约材料，扣 3 分； ③完成工作后不清理现场，工作中产生的废弃物不按规定进行处理，各扣 2 分		
总评分 =（1~4 项总分）× 40%					

2）小组评价

由同小组的同学结合自评情况进行互评，并将评分值记录于表 6-12 中。

表 6-12 小组评价表

评价内容	配分	评分
1. 实训过程记录与自我评价情况	10 分	
2. 工业机器人各图形任务程序的编制	50 分	
3. 相互帮助与协作能力	20 分	
4. 安全、质量意识与责任心	20 分	
总评分 =（1~4 项总分）× 30%		

3）教师评价

由指导教师结合自评与互评结果进行综合评价，并将意见与评分值记录于表 6-13 中。

表 6-13 教师评价表

教师总体评价意见：	
教师评分（30 分）	
总评分 = 自我评分 + 小组评分 + 教师评分	

思考与练习

(1)为什么该模块需要建立用户坐标系?

(2)用户坐标系的功能是什么?

(3)在使用用户坐标系时有哪些注意事项?

任务二 工业机器人点对点搬运实训

6.2.1 码垛工艺编程实训

1. 知识目标

(1)认识码垛工艺单元的基本结构及工作原理。

(2)熟悉码垛工艺单元的指令及操作。

(3)掌握码垛工艺单元的编程方法。

2. 技能目标

(1)能够根据各种类型码垛任务编制程序。

(2)能够熟练使用码垛指令。

3. 任务描述

随着科技的进步以及现代化物流技术的加速发展,人们对搬运速度的要求越来越高,传统的人工码垛只能应用在物料轻便、尺寸和形状变化大、吞吐量小的场合,这已经远远不能满足现代工业的需求,而由机器人进行码垛则成为这一问题的最好解决方法。

在日常工作中,大型物料的搬运过程十分耗费时间与人力,图 6-5 所示为采用工业机器人进行搬运码垛来解决铝合金锭搬运烦琐的问题。

图 6-5 工业机器人在成品打包入库码垛中的应用

图 6-5　工业机器人在成品打包入库码垛中的应用(续)

本任务将日常生产中出现的码垛工作融入码垛工艺单元中,用不同颜色和不同种类的物料来模拟日常码垛中的物料,用吸盘来模拟日常码垛中的码垛夹具,尽可能真实地达到模拟现实工程的目的。

1)工作站硬件介绍

(1)8 个蓝色正方形物料,如图 6-6(a)所示。

(2)8 个红色长方形物料,如图 6-6(a)所示。

(3)2 个正方形物料仓,如图 6-6(a)所示。

(4)FANUC 六轴机器人。

(5)吸盘夹具,如图 6-6(b)所示。

(a)料仓(左)和物料(右)　　(b)吸盘夹具

图 6-6　码垛模块

2)任务介绍

本任务如图 6-7 所示,由机器人搬运物料,将图 6-7(a)的初始状态变为图 6-7(b)的完成状态。

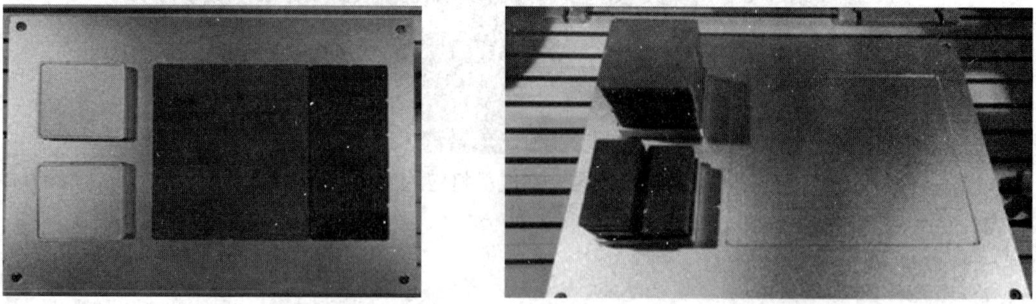

(a)初始状态　　(b)完成状态

图 6-7　码垛任务

3)任务要求

对工业机器人编程,使工业机器人利用吸盘夹具将两种物料分别正确放置于物料仓内。

4)任务准备

将该模块安装于设备的合适位置,将吸盘夹具放置于快换夹具库内。

4. 知识准备

1)涉及指令

(1)L 线性运动指令:L 指令用于将工具中心点(TCP)沿直线移动至给定目标点,当 TCP 保持固定时,该指令也可用于调整工具方位。

(2)J 关节运动指令:当关节运动无须位于直线中时,J 指令用于将机械臂迅速从一点移动至另一点。机械臂和外轴沿非线性路径运动至目标位置,所有轴均同时达到目标位置。

(3)PALETIZING 码垛指令:专用于机器人码垛使用。

(4)RO[1] =ON/OFF:用于置位和复位机器人专用 I/O 信号。

(5)D0[115] =ON/OFF:用于置位和复位机器人数字 I/O 信号。

(6)CALL:机器人程序调用指令。

(7)WAIT:等待指令,可等待时间,也可等待信号。

2)机器人 I/O 点配置

机器人 I/O 点配置见表 6-14。

表 6-14 机器人 I/O 点配置

信号	信号功能
DI180	导轨寻原点完成后,只要导轨在 1 号位置,此信号一直为 ON 状态
DI181	导轨寻原点完成后,只要导轨在 2 号位置,此信号一直为 ON 状态
DI182	导轨寻原点完成后,只要导轨在 3 号位置,此信号一直为 ON 状态
DO180	导轨去 1 号位置
DO181	导轨去 2 号位置
DO182	导轨去 3 号位置
RO[1]	机器人快换夹具信号
DO115	机器人吸盘夹具信号

5. 任务实施

1)实训步骤及方法

(1)码垛工艺单元的物料放置。码垛工艺单元的物料分为黑色长方形物料和金属正方形物料,两种物料可以根据具体实训要求进行摆放。根据摆放方式的不同,编程难度也会有不同的变化。

(2)吸盘的安装。将码垛工艺单元的吸盘安装至工业机器人六轴处,吸盘的安装信号为工业机器人的 RO[1],当 RO[1] 信号为 1 时,吸盘会被安装到工业机器人的六轴上;当 RO[1]

信号为 0 时，拆卸吸盘。

（3）吸取信号的测试。吸盘安装完成后需要进行吸盘的吸取信号测试，吸盘吸气的信号为工业机器人的 DO115 信号；当 DO115 信号为 1 时，吸盘会进行吸气，吸取物料；当 DO115 信号为 0 时，停止吸取物料。

（4）码垛工艺单元的路径规划。前期准备条件完成后，就可以进行码垛工艺单元的路径规划，对各个物料最终摆放的位置进行联想及确认。

（5）流程确定后，进行程序编写

2）主程序及子程序

主程序及子程序示例见表 6-15。

表 6-15 示例程序

主程序：RSR0001 程序名称	
1:CALL INITIALIZE;	调用初始化子程序
2:CALL PICKTOOL2;	调用抓 2 号夹具子程序
3:CALL PALLET;	调用码垛子程序
4:CALL PLACETOOL2;	调用放 2 号夹具子程序
5:J PR[19] 100% FINE;	机器人回到 HOME 点
6:DO[181:OFF]=ON ;	机器人导轨回到 2 号位置
7:WAIT DI[181:ON]=ON;	等到导轨移动到位
8:DO[181:OFF]=OFF;	导轨信号复位
9:END	程序执行完毕
子程序：INITIALIZE 程序名（初始化）	
1:DO[180:OFF]=OFF ;	复位导轨 1 号位置
2:DO[181:OFF]=OFF ;	复位导轨 2 号位置
3:DO[182:OFF]=OFF ;	复位导轨 3 号位置
4:RO[1:OFF]=OFF ;	复位快换夹具信号
5:DO[115]=OFF ;	吸盘信号复位
6:J PR[19] 20% CNT100 ;	机器人回到 HOME 点
7:END	程序执行完毕
PICKTOOL2 程序名称（抓 2 号夹具）	
1:DO[180:OFF]=ON ;	机器人导轨去 1 号位置
2:WAIT DI[180:OFF]=ON ;	等待导轨到达 1 号位置
3:DO[180:OFF]=OFF ;	复位导轨 1 号位置
4:J P[1] 20% CNT100;	安全点位
5:J P[2] 100% CNT100;	中间点位
6:L P[3] 50mm/sec FINE;	抓取点位
7:RO[1:OFF]=ON ;	吸取 2 号夹具
8:WAIT1.00(sec) ;	等待 1 s
9:L P[4] 50mm/sec FINE;	抬起 2 号夹具
10:L P[5] 100mm/sec FINE;	移出 2 号夹具库
11:L P[6] 100mm/sec FINE;	抬起至安全位置
12:L PR[19] 100mm/sec FINE ;	机器人回到 HOME 点
13:END	程序结束

续表

PALLET	
1:DO[181]=ON ;	机器人导轨去 2 号位置
2:WAIT DI[181]=ON ;	等待机器人导轨位置到达
3:DO[181]=OFF ;	复位导轨信号
4:R[5]=0 ;	计数器 5 清零
5:PL[1]=[1,1,1] ;	码垛计数器 1 复位
6:PL[2]=[1,1,1];	码垛计数器 2 复位
7:R[6]=0;	计数器 6 清零
8:PL[3]=[1,1,1];	码垛计数器 3 复位
9:PL[4]=[1,1,1];	码垛计数器 3 复位
10:FOR R[5]=0 TO 9 ;	循环 10 次
11:PALLETIZING-B_1 ;	码垛指令 1 吸取长方形物料
12:J PAL_1[A_1] 10% FINE ;	安全点位
13:J PAL_1[BTM] 10% FINE ;	吸取点位
14:DO[115]=ON ;	吸盘吸取
15:WAIT1.00(sec) ;	等待 1 s
16:J PAL_1[R_1] 10% FINE ;	抬起安全点
17:PALLETIZING-END_1 ;	码垛指令 1 结束
18:PALLETIZING-B_2 ;	码垛指令 2 堆垛长方形物料
19:J PAL_2[A_1] 30% FINE ;	安全点位
20:J PAL_2[BTM] 30% FINE ;	放置点
21:DO[115]=OFF ;	吸盘放气
22:WAIT1.00(sec) ;	等待 1 s
23:J PAL_2[R_1] 30% FINE ;	抬起安全点位
24:PALLETIZING-END_2 ;	码垛指令 2 结束
25:ENDFOR ;	循环结束
26:FOR R[6]=0 TO 9 ;	循环 10 次堆垛方形物料
27:PALLETIZING-B_3 ;	码垛指令 3 吸取方形物料
28:J PAL_3[A_1] 30% FINE ;	安全点位
29:J PAL_3[BTM] 30% FINE ;	吸取点位
30:DO[115]=ON ;	吸盘吸取
31:WAIT1.00(sec) ;	等待 1 s
32:J PAL_3[R_1] 30% FINE ;	抬起安全点位
33:PALLETIZING-END_3 ;	码垛指令 3 结束
34:PALLETIZING-B_4 ;	码垛指令 4 堆垛方形物料
35:J PAL_4[A_1] 30% FINE ;	安全位置
36:J PAL_4[BTM] 30% FINE ;	放置位置
37:DO[115]=OFF ;	吸盘放气
38:WAIT1.00(sec) ;	等待 1 s
39:J PAL_4[R_1] 30% FINE ;	抬起安全点位
40:PALLETIZING-END_4 ;	码垛指令 4 结束
41:ENDFOR ;	循环结束
PLACETOOL2 程序名称（放 2 号夹具）	
1:DO[180:OFF]=ON ;	导轨去 1 号位置
2:WAIT DI[180:OFF]=ON ;	等待导轨位置到达
3:DO[180:OFF]=OFF ;	复位导轨 1 号位置信号

续表

4:J P[1] 20% FINE ;	中间点位
5:L P[2] 100mm/sec FINE ;	准备移至 2 号夹具位置
6:L P[3] 100mm/sec FINE ;	进入 2 号夹具位置
7:L P[4] 100mm/sec FINE ;	达到 2 号夹具位置
8:RO[1:OFF]=OFF ;	放置 2 号夹具
9:WAIT1.00(sec) ;	等待 1 s
10:L P[5] 100mm/sec FINE ;	移至安全位置
11:END	程序结束

6. 任务评价

1）自我评价

由学生根据学习任务完成情况进行自我评价，并将评分值记录于表 6-16 中。

表 6-16 自我评价表

学习任务	学习内容	配分	评分标准	扣分	得分
任务二	1. 安全意识	10 分	①不遵守相关安全规范操作，酌情扣 2~5 分； ②有其他违反安全操作规范的行为，扣 2 分		
	2. 根据工作任务要求，使用示教器示教各关键点，完成机器程序的编制	50 分	①没有利用多任务程序的编制，扣 2 分； ②没有完成正方形码垛任务，每步扣 2 分； ③没有完成长方形码垛任务，每步扣 2 分		
	3. 观察记录	30 分	没有完成多任务程序的记录，每步扣 1 分		
	4. 职业规范与环境保护	10 分	①在工作过程中工具和器材摆放凌乱，扣 3 分； ②不爱护设备、工具，不节约材料，扣 3 分； ③完成工作后不清理现场，工作中产生的废弃物不按规定进行处理，各扣 2 分		
总评分 =（1~4 项总分）× 40%					

2）小组评价

由同小组的同学结合自评情况进行互评，并将评分值记录于表 6-17 中。

表 6-17 小组评价表

评价内容	配分	评分
1. 实训过程记录与自我评价情况	10 分	
2. 工业机器人各图形任务程序的编制	50 分	
3. 相互帮助与协作能力	20 分	
4. 安全、质量意识与责任心	20 分	
总评分 =（1~4 项总分）× 30%		

3）教师评价

由指导教师结合自评与互评结果进行综合评价，并将意见与评分值记录于表6-18中。

表6-18　教师评价表

教师总体评价意见：	
教师评分（30分）	
总评分＝自我评分＋小组评分＋教师评分	

思考与练习

（1）码垛指令与基本指令有什么区别？

（2）使用基本指令的编程应该怎么编写？

（3）调用程序时需要注意什么？

6.2.2　七巧板模块实训

1. 知识目标

（1）掌握机器人的输出指令的强制。

（2）掌握机器人的点位示教。

（3）掌握机器人的基本运动指令。

（4）掌握机器人程序的调用指令。

2. 技能目标

（1）能够熟练对点对点搬运任务进行编程。

（2）能够熟练使用工业机器人I/O点指令。

3. 任务描述

1）工作站硬件介绍

（1）六轴工业机器人。

（2）七巧板模块，如图6-8（a）所示。

（3）吸盘夹具，如图6-8（b）所示。

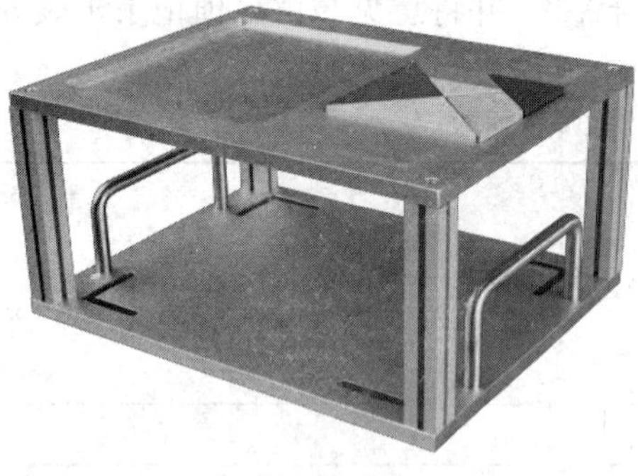
(a)七巧板模块

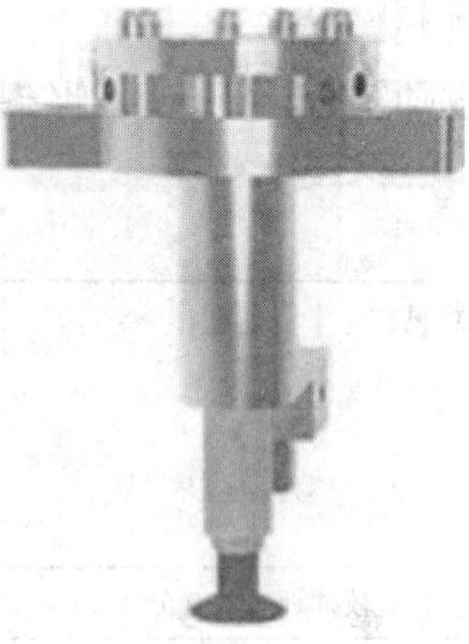
(b)吸盘夹具

图 6-8 七巧板任务

2)任务介绍

七巧板模块共分为 2 个区域,方形区域为七巧板摆放码放区域,长方形区域为七巧板图案摆放区域,在该区域内可以随意设计进行不同图案的摆放。将七巧板正确码放在方形区域内,再将该模块安装在桌面的合适位置如图 6-9 所示。将吸盘夹具放置在夹具库内,想好需要摆放的图案,即可以进行机器人的示教编程。

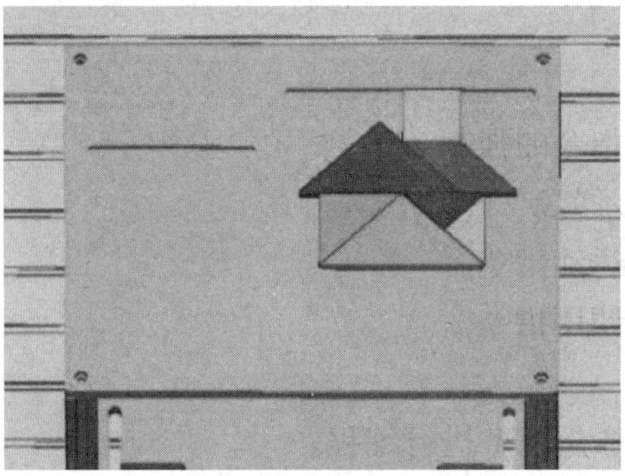
图 6-9 七巧板小房子任务

3)任务要求

(1)机器人安装吸盘夹具。

(2)建立合适的工件坐标系。

(3)对机器人进行编程,使其自动完成七巧板小房子摆放图案。

4)任务准备

将该模块安装于设备的合适位置,将吸盘夹具放置于快换夹具库内。

4. 知识准备

1)涉及指令

(1)L 线性运动指令:L 指令用于将工具中心点(TCP)沿直线移动至给定目标点,当 TCP 保持固定时,该指令也可用于调整工具方位。

(2)J 关节运动指令:当关节运动无须位于直线中时,J 指令用于将机械臂迅速从一点移动至另一点。机械臂和外轴沿非线性路径运动至目标位置,所有轴均同时达到目标位置。

(3)C 圆弧运动指令:C 用于圆弧运动方式,需要示教 2 个点位,即圆弧上的中间点以及末端点。

(4)RO[1] =ON/OFF:用于置位和复位机器人专用 I/O 信号。

(5)D0[115] =ON/OFF:用于置位和复位机器人数字 I/O 信号。

(6)CALL:机器人程序调用指令。

(7)WAIT:等待指令,可等待时间,也可等待信号。

2)机器人 I/O 点配置

机器人 I/O 点配置见表 6-19。

表 6-19　机器人 I/O 点配置

信号	信号功能
RO[1]	机器人快换夹具信号
DO[115]	吸盘夹具信号

5. 任务实施

1)实训步骤及方法

(1)七巧板各板块放置。七巧板实训单元的物料分为大小形状不同的七块,可以根据具体实训要求进行摆放。根据摆放方式的不同,编程难度也会有不同的变化。

(2)吸盘的安装。将码垛工艺单元的吸盘安装至工业机器人六轴处,吸盘的安装信号为工业机器人的 RO[1], 当 RO[1] 信号为 1 时,吸盘会被安装到工业机器人的六轴上;当 RO[1] 信号为 0 时,拆卸吸盘。

(3)吸取信号的测试。吸盘安装完成后需要进行吸盘的吸取信号测试,吸盘吸气的信号为工业机器人的 DO115 信号。当 DO115 信号为 1 时,吸盘会进行吸气,吸取物料;当 DO115 信号为 0 时,停止吸取物料。

(4)摆放图形的路径规划。前期准备条件完成后,就可以根据需要摆放的图形进行路径规划,对各个物料最终摆放的位置进行联想及确认。

(5)流程确定后,进行程序编写。

2)主程序及子程序

主程序及子程序示例见表 6-20。

表 6-20　示例程序

主程序(小房子示例):RSR0001 程序名称	
1:CALL INITIALIZE;	调用初始化子程序
2:CALL PICKTOOL2;	调用子程序抓 2 号夹具
3:CALL QQB;	调用七巧板程序
4:CALL PLACETOOL2;	调用放 2 号夹具子程序

续表

5:J PR[19] 100% FINE;	机器人回到 HOME 点
6:DO[181:OFF]=ON ;	机器人导轨回到 2 号位置
7:WAIT DI[181:ON]=ON;	等到导轨移动到位
8:DO[181:OFF]=OFF ;	导轨信号复位
9:END	程序执行完毕
子程序 INITIALIZE 程序名(初始化)	
1:DO[180:OFF]=OFF ;	复位导轨 1 号位置
2:DO[181:OFF]=OFF ;	复位导轨 2 号位置
3:DO[182:OFF]=OFF ;	复位导轨 3 号位置
4:RO[1:OFF]=OFF ;	复位快换夹具信号
5:DO[115]=OFF ;	吸盘信号复位
6:J PR[19] 20% CNT100 ;	机器人回到 HOME 点
7:END	程序执行完毕
PICKTOOL2 程序名称(抓 2 号夹具)	
1:DO[180:OFF]=ON ;	机器人导轨去 1 号位置
2:WAIT DI[180:OFF]=ON ;	等待导轨到达 1 号位置
3:DO[180:OFF]=OFF ;	复位导轨 1 号位置
4:J P[1] 20% CNT100;	安全点位
5:J P[2] 100% CNT100;	中间点位
6:L P[3] 50mm/sec FINE;	抓取点位
7:RO[1:OFF]=ON ;	吸取 2 号夹具
8:WAIT1.00(sec) ;	等待 1 s
9:L P[4] 50mm/sec FINE;	抬起 2 号夹具
10:L P[5] 100mm/sec FINE;	移出 2 号夹具库
11:L P[6] 100mm/sec FINE;	抬起至安全位置
12:L PR[19] 100mm/sec FINE;	机器人回到 HOME 点
13:END	程序结束
程序名称(七巧板程序)	
1.QQB	程序名称(七巧板程序)
2.DO[181]=ON ;	机器人导轨去 2 号位置
3.WAIT DI[181]=ON ;	等待机器人导轨位置到达
4.DO[181]=OFF ;	复位导轨信号
5.L P[1] 100mm/sec FINE ;	机器人移至安全点位
6.L P[2] 100mm/sec FINE;	机器人移至抓取蓝色大三角形上方
7.L P[3] 50mm/sec FINE;	机器人移至抓取蓝色大三角形位置
8.DO[115:OFF]=ON;	吸盘吸取
9.WAIT1.00(sec);	等待 1 s
10.L P[2] 50mm/sec FINE;	机器人提起蓝色大三角形至安全位置
11.L P[4] 50mm/sec FINE;	放置安全位置
12.L P[5] 50mm/sec FINE;	放置位置
13.DO[115:ON]=OFF;	吸盘放置
14.WAIT1.00(sec);	等待 1 s
15.L P[4] 50mm/sec FINE;	抬起安全位置
16.L P[5] 100mm/sec FINE;	机器人移至抓取绿色三角形上方

续表

17.L P[6] 50mm/sec FINE;	机器人移至抓取绿色三角形位置
18.DO[115:OFF]=ON;	吸盘吸取
19.WAIT1.00(sec);	等待 1 s
20.L P[5] 50mm/sec FINE;	机器人提起绿色三角形至安全位置
21.L P[7] 50mm/sec FINE;	放置安全位置
22.L P[8] 50mm/sec FINE;	放置位置
23.DO[115:ON]=OFF;	吸盘放置
24.WAIT1.00(sec);	等待 1 s
25.L P[7] 50mm/sec FINE;	抬起安全位置
26.L P[9] 100mm/sec FINE;	机器人移至抓取黄色三角形上方
27.L P[10] 50mm/sec FINE;	机器人移至抓取黄色三角形位置
28.DO[115:OFF]=ON;	吸盘吸取
29.WAIT1.00(sec);	等待 1 s
30.L P[9] 50mm/sec FINE;	机器人提起黄色三角形至安全位置
31.L P[11] 50mm/sec FINE;	放置安全位置
32.L P[12] 50mm/sec FINE;	放置位置
33.DO[115:ON]=OFF;	吸盘放置
34.WAIT1.00(sec);	等待 1 s
35.L P[11] 50mm/sec FINE;	抬起安全位置
36.L P[13] 100mm/sec FINE;	机器人移至抓取紫色三角形上方
37. L P[14] 50mm/sec FINE	机器人移至抓取紫色三角形位置
38.DO[115:OFF]=ON;	吸盘吸取
39.WAIT1.00(sec);	等待 1 s
40.L P[13] 50mm/sec FINE;	机器人提起紫色三角形至安全位置
41.L P[15] 50mm/sec FINE;	放置安全位置
42.L P[16] 50mm/sec FINE;	放置位置
43.DO[115:ON]=OFF;	吸盘放置
44.WAIT1.00(sec);	等待 1 s
45.L P[15] 50mm/sec FINE;	抬起安全位置
46.L P[17] 100mm/sec FINE;	机器人移至抓取红色大三角形上方
47.L P[18] 50mm/sec FINE;	机器人移至抓取红色大三角形位置
48.DO[115:OFF]=ON;	吸盘吸取
49.WAIT1.00(sec);	等待 1 s
50.L P[17] 50mm/sec FINE;	机器人提起红色大三角形至安全位置
51.L P[19] 50mm/sec FINE;	放置安全位置
52.L P[20] 50mm/sec FINE;	放置位置
53.DO[115:ON]=OFF;	吸盘放置
54.WAIT1.00(sec);	等待 1 s
55.L P[19] 50mm/sec FINE;	抬起安全位置
56.L P[21] 100mm/sec FINE;	机器人移至抓取平行四边形上方
57.L P[22] 50mm/sec FINE;	机器人移至抓取平行四边形位置
58.DO[115:OFF]=ON;	吸盘吸取
59.WAIT1.00(sec);	等待 1 s
60.L P[21] 50mm/sec FINE;	机器人提起平行四边形至安全位置
61.L P[23] 50mm/sec FINE;	放置安全位置
62.L P[24] 50mm/sec FINE;	放置位置

续表

63.DO[115:ON]=OFF;	吸盘放置
64.WAIT1.00(sec);	等待 1 s
65.L P[23] 50mm/sec FINE;	抬起安全位置
66.L P[21] 100mm/sec FINE;	机器人移至抓取平行四边形上方
67.L P[22] 50mm/sec FINE;	机器人移至抓取平行四边形位置
68. DO[115:OFF]=ON;	吸盘吸取
69.WAIT1.00(sec);	等待 1 s
70.L P[21] 50mm/sec FINE;	机器人提起平行四边形至安全位置
71.L P[23] 50mm/sec FINE;	放置安全位置
72.L P[24] 50mm/sec FINE;	放置位置
73.DO[115:ON]=OFF;	吸盘放置
74.WAIT1.00(sec);	等待 1 s
75.L P[23] 50mm/sec FINE;	抬起安全位置
76.L P[25] 100mm/sec FINE;	机器人移至抓取黄色方形上方
77.L P[26] 50mm/sec FINE;	机器人移至抓取黄色方形位置
78.DO[115:OFF]=ON;	吸盘吸取
79.WAIT1.00(sec);	等待 1 s
80.L P[25] 50mm/sec FINE;	机器人提起黄色方形至安全位置
81.L P[27] 50mm/sec FINE;	放置安全位置
82.L P[28] 50mm/sec FINE;	放置位置
83.DO[115:ON]=OFF;	吸盘放置
84.WAIT1.00(sec);	等待 1 s
85.L P[27] 50mm/sec FINE;	抬起安全位置
PLACETOOL2 程序名称（放 2 号夹具）	
1:DO[180:OFF]=ON ;	导轨去 1 号位置
2:WAIT DI[180:OFF]=ON ;	等待导轨位置到达
3:DO[180:OFF]=OFF ;	复位导轨 1 号位置信号
4:J P[1] 20% FINE;	中间点位
5:L P[2] 100mm/sec FINE;	准备移至 2 号夹具位置
6:L P[3] 100mm/sec FINE;	进入 2 号夹具位置
7:L P[4] 100mm/sec FINE;	达到 2 号夹具位置
8:RO[1:OFF]=OFF ;	放置 2 号夹具
9:WAIT1.00(sec) ;	等待 1 s
10:L P[5] 100mm/sec FINE;	移至安全位置
11:END	

6. 任务评价

1）自我评价

由学生根据学习任务完成情况进行自我评价，并将评分值记录于表 6-21 中。

表 6-21　自我评价表

学习任务	学习内容	配分	评分标准	扣分	得分
任务二	1. 安全意识	10 分	①不遵守相关安全规范操作,酌情扣 2~5 分; ②有其他违反安全操作规范的行为,扣 2 分		
	2. 根据工作任务要求,使用示教器示教各关键点,完成机器程序的编制	50 分	①没有利用多任务程序的编制,扣 2 分; ②没有完成小房子摆放任务,每步扣 1 分		
	3. 观察记录	30 分	没有完成多任务程序的记录,每步扣 1 分		
	4. 职业规范与环境保护	10 分	①在工作过程中工具和器材摆放凌乱,扣 3 分; ②不爱护设备、工具,不节约材料,扣 3 分; ③完成工作后不清理现场,工作中产生的废弃物不按规定进行处理,各扣 2 分		
总评分 =(1~4 项总分) × 40%					

2)小组评价

由同小组的同学结合自评情况进行互评,并将评分值记录于表 6-22 中。

表 6-22　小组评价表

评价内容	配分	评分
1. 实训过程记录与自我评价情况	10 分	
2. 工业机器人各图形任务程序的编制	50 分	
3. 相互帮助与协作能力	20 分	
4. 安全、质量意识与责任心	20 分	
总评分 =(1~4 项总分) × 30%		

3)教师评价

由指导教师结合自评与互评结果进行综合评价,并将意见与评分值记录于表 6-23 中。

表 6-23　教师评价表

教师总体评价意见:	
教师评分(30 分)	
总评分 = 自我评分 + 小组评分 + 教师评分	

思考与练习

(1)在使用吸盘进行抓取和放置编程时应该注意什么?

(2)吸盘夹具的使用是否需要真空吸盘?

(3)真空吸盘的作用是什么?

6.2.3 对弈模块实训

1. 知识目标

(1)掌握机器人的输出指令的强制。

(2)掌握机器人的点位示教。

(3)掌握机器人的基本运动指令。

(4)掌握机器人程序的调用指令。

2. 技能目标

(1)能够熟练对点对点搬运任务进行编程。

(2)能够熟练使用工业机器人 I/O 点指令。

3. 任务描述

1)工作站硬件介绍

(1)六轴工业机器人。

(2)对弈模块,如图 6-10(a)所示。

(3)吸盘夹具,如图 6-10(b)所示。

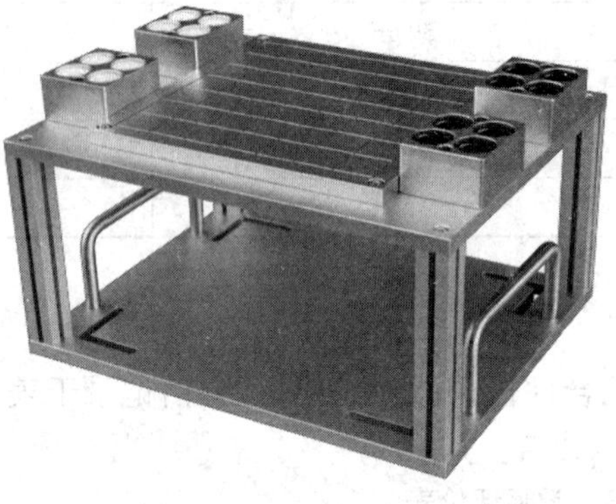

(a)对弈模块

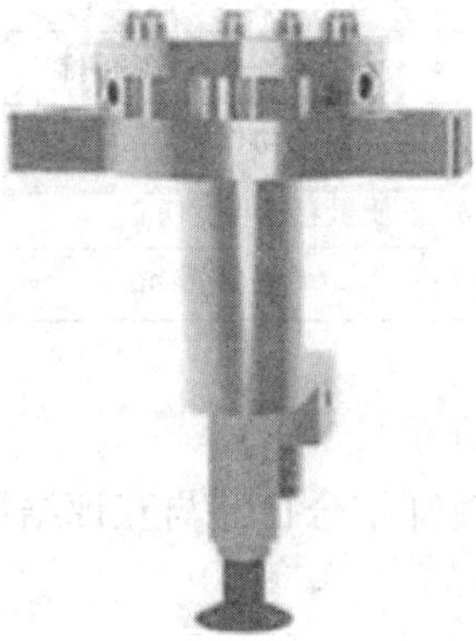

(b)吸盘夹具

图 6-10 对弈任务

2)任务介绍

对弈搬运模块训练工作站包含 6 轴工业机器人、吸盘夹具、一套黑白棋子、棋子搬运模块。棋子搬运模块共分为 3 个区域,左边 2 个棋盒放置黑色棋子,右边 2 个棋盒放置白色棋子,中间网格区域为 8×8 的摆放区域,在该区域内可以随意设计进行不同图案的摆放。将黑白棋子正确码放在两边的棋盒内,再将该模块安装在桌面的合适位置如图 6-11 所示。将吸盘夹具放置在夹具库内,想好需要摆放的图案,即可以进行机器人的示教编程。

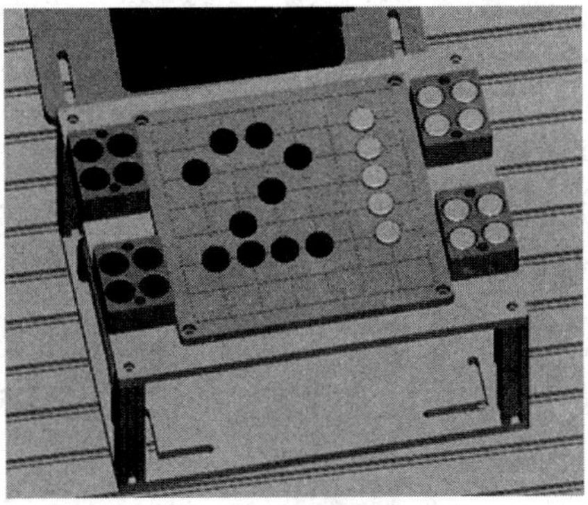

图 6-11　对弈模块任务

3)任务要求

(1)机器人安装吸盘夹具。

(2)建立合适的工件坐标系。

(3)对机器人进行编程,使其自动完成摆放如图 6-11 所示图案。

4)任务准备

将该模块安装于设备的合适位置,将吸盘夹具放置于快换夹具库内

4. 知识准备

1)涉及指令

(1)L 线性运动指令:L 指令用于将工具中心点(TCP)沿直线移动至给定目标点,当 TCP 保持固定时,该指令也可用于调整工具方位。

(2)J 关节运动指令:当关节运动无须位于直线中时,J 指令用于将机械臂迅速从一点移动至另一点。机械臂和外轴沿非线性路径运动至目标位置,所有轴均同时达到目标位置。

(3)C 圆弧运动指令:C 用于圆弧运动方式,需要示教 2 个点位,即圆弧上的中间点以及末端点。

(4)RO[1] =ON/OFF:用于置位和复位机器人专用 I/O 信号。

(5)DO[115] =ON/OFF:用于置位和复位机器人数字 I/O 信号。

(6)CALL:机器人程序调用指令。

(7)WAIT:等待指令,可等待时间,也可等待信号。

2)机器人 I/O 点配置

机器人 I/O 点配置见表 6-24。

表 6-24　机器人 I/O 点配置

信号(Signal)	信号功能
RO[1]	机器人快换夹具信号
DO[115]	吸盘夹具信号

5. 任务实施

1)实训步骤及方法

(1)黑白棋子放置。对弈模块共有 2×4 个白子和 2×4 个黑子,分别放在四个不同位置的盒子中,可以根据具体实训要求在实训模块的中间位置进行各种图案的摆放。根据摆放方式的不同,编程难度也会有不同的变化。

(2)吸盘的安装。将吸盘夹具安装至工业机器人六轴处,吸盘的安装信号为工业机器人的 RO[1],当 RO[1] 信号为 1 时,吸盘会被安装到工业机器人的六轴上;当 RO[1] 信号为 0 时,拆卸吸盘。

(3)吸取信号的测试。吸盘安装完成后需要进行吸盘的吸取信号测试,吸盘吸气的信号为工业机器人的 DO115 信号,当 DO115 信号为 1 时,吸盘会进行吸气,吸取棋子;当 DO115 信号为 0 时,停止吸取棋子。

(4)摆放图形的路径规划。前期准备条件完成后,就可以根据需要摆放的图形进行路径规划,对各个物料最终摆放的位置进行联想及确认。

(5)流程确定后,进行程序编写。

2)主程序及子程序

主程序及子程序示例见表 6-25。

表 6-25 示例程序

主程序(“21 图案”示例):RSR0001 程序名称	
1:CALL INITIALIZE;	调用初始化子程序
2:CALL PICKTOOL2;	调用抓 2 号夹具子程序
3:CALL WZQ;	调用五子棋程序
4:CALL PLACETOOL2;	调用放 2 号夹具子程序
5:J PR[19] 100% FINE;	机器人回到 HOME 点
6:DO[181:OFF]=ON ;	机器人导轨回到 2 号位置
7:WAIT DI[181:ON]=ON;	等到导轨移动到位
8:DO[181:OFF]=OFF ;	导轨信号复位
9:END	程序执行完毕
子程序:INITIALIZE 程序名(初始化)	
1:DO[180:OFF]=OFF ;	复位导轨 1 号位置
2:DO[181:OFF]=OFF ;	复位导轨 2 号位置
3:DO[182:OFF]=OFF ;	复位导轨 3 号位置
4:RO[1:OFF]=OFF ;	复位快换夹具信号
5:DO[115]=OFF ;	吸盘信号复位
6:J PR[19] 20% CNT100 ;	机器人回到 HOME 点
7:END	程序执行完毕
PICKTOOL2 程序名称(抓 2 号夹具)	

续表

1:DO[180:OFF]=ON ;	机器人导轨去 1 号位置
2:WAIT DI[180:OFF]=ON ;	等待导轨到达 1 号位置
3:DO[180:OFF]=OFF ;	复位导轨 1 号位置
4:J P[1] 20% CNT100;	安全点位
5:J P[2] 100% CNT100;	中间点位
6:L P[3] 50mm/sec FINE;	抓取点位
7:RO[1:OFF]=ON ;	吸取 2 号夹具
8:WAIT1.00(sec) ;	等待 1 s
9:L P[4] 50mm/sec FINE;	抬起 2 号夹具
10:L P[5] 100mm/sec FINE;	移出 2 号夹具库
11:L P[6] 100mm/sec FINE;	抬起至安全位置
12:L PR[19] 100mm/sec FINE;	机器人回到 HOME 点
13:END	程序结束
程序名称（对弈程序）	
1.WZQ 程序名称（五子棋对弈程序）	
2.DO[181]=ON ;	机器人导轨去 2 号位置
3.WAIT DI[181]=ON ;	等待机器人导轨位置到达
4.DO[181]=OFF ;	复位导轨信号
5.L P[1] 100mm/sec FINE ;	机器人移至安全点位
6.L P[2] 100mm/sec FINE;	机器人移至抓取白色棋子上方
7.L P[3] 50mm/sec FINE;	机器人移至抓取白色棋子位置
8.DO[115:OFF]=ON;	吸盘吸取
9.WAIT1.00(sec);	等待 1 s
10.L P[2] 50mm/sec FINE;	机器人提起白色棋子至安全位置
11.L P[4] 50mm/sec FINE;	放置安全位置
12.L P[5] 50mm/sec FINE;	放置位置
13.DO[115:ON]=OFF;	吸盘放置
14.WAIT1.00(sec);	等待 1 s
15.L P[4] 50mm/sec FINE;	抬起安全位置
16.L P[5] 100mm/sec FINE;	机器人移至抓取白色棋子上方
17.L P[6] 50mm/sec FINE;	机器人移至抓取白色棋子位置
18.DO[115:OFF]=ON;	吸盘吸取
19.WAIT1.00(sec);	等待 1 s
20.L P[5] 50mm/sec FINE;	机器人提起白色棋子至安全位置
21.L P[7] 50mm/sec FINE;	放置安全位置
22.L P[8] 50mm/sec FINE;	放置位置
23.DO[115:ON]=OFF;	吸盘放置
24.WAIT1.00(sec);	等待 1 s
25.L P[7] 50mm/sec FINE;	抬起安全位置
26.L P[9] 100mm/sec FINE;	机器人移至白色棋子上方
27.L P[10] 50mm/sec FINE;	机器人移至白色棋子位置
28.DO[115:OFF]=ON;	吸盘吸取
29.WAIT1.00(sec);	等待 1 s
30.L P[9] 50mm/sec FINE;	机器人提起白色棋子至安全位置

续表

31.L P[11] 50mm/sec FINE;	放置安全位置
32.L P[12] 50mm/sec FINE;	放置位置
33.DO[115:ON]=OFF;	吸盘放置
34.WAIT1.00(sec);	等待 1 s
35.L P[11] 50mm/sec FINE;	抬起安全位置
36.L P[13] 100mm/sec FINE;	机器人移至白色棋子上方
37.L P[14] 50mm/sec FINE	机器人移至白色棋子位置
38.DO[115:OFF]=ON;	吸盘吸取
39.WAIT1.00(sec);	等待 1 s
40.L P[13] 50mm/sec FINE;	机器人提起白色棋子至安全位置
41.L P[15] 50mm/sec FINE;	放置安全位置
42.L P[16] 50mm/sec FINE;	放置位置
43.DO[115:ON]=OFF;	吸盘放置
44.WAIT1.00(sec);	等待 1 s
45.L P[15] 50mm/sec FINE;	抬起安全位置
46.L P[17] 100mm/sec FINE;	机器人移至抓取白色棋子上方
47.L P[18] 50mm/sec FINE;	机器人移至抓取白色棋子位置
48.DO[115:OFF]=ON;	吸盘吸取
49.WAIT1.00(sec);	等待 1 s
50.L P[17] 50mm/sec FINE;	机器人提起白色棋子至安全位置
51.L P[19] 50mm/sec FINE;	放置安全位置
52.L P[20] 50mm/sec FINE;	放置位置
53.DO[115:ON]=OFF;	吸盘放置
54.WAIT1.00(sec);	等待 1 s
55.L P[19] 50mm/sec FINE;	抬起安全位置
56.L P[21] 100mm/sec FINE;	机器人移至抓取黑色棋子上方
57.L P[22] 50mm/sec FINE;	机器人移至抓取黑色棋子位置
58.DO[115:OFF]=ON;	吸盘吸取
59.WAIT1.00(sec);	等待 1 s
60.L P[21] 50mm/sec FINE;	机器人提起黑色棋子至安全位置
61.L P[23] 50mm/sec FINE;	放置安全位置
62.L P[24] 50mm/sec FINE;	放置位置
63.DO[115:ON]=OFF;	吸盘放置
64.WAIT1.00(sec);	等待 1 s
65.L P[23] 50mm/sec FINE;	抬起安全位置
66.L P[21] 100mm/sec FINE;	机器人移至抓取黑色棋子上方
67.L P[22] 50mm/sec FINE;	机器人移至抓取黑色棋子位置
68.DO[115:OFF]=ON	吸盘吸取
69.WAIT1.00(sec);	等待 1 s
70.L P[21] 50mm/sec FINE;	机器人提起黑色棋子至安全位置
71.L P[23] 50mm/sec FINE;	放置安全位置
72.L P[24] 50mm/sec FINE;	放置位置
73.DO[115:ON]=OFF;	吸盘放置
74.WAIT1.00(sec);	等待 1 s
75.L P[23] 50mm/sec FINE;	抬起安全位置
76.L P[25] 100mm/sec FINE;	机器人移至抓取黑色棋子上方

续表

77.L P[26] 50mm/sec FINE;	机器人移至抓取黑色棋子位置
78.DO[115:OFF]=ON;	吸盘吸取
79.WAIT1.00(sec);	等待 1 s
80.L P[25] 50mm/sec FINE;	机器人提起黑色棋子至安全位置
81.L P[27] 50mm/sec FINE;	放置安全位置
82.L P[28] 50mm/sec FINE;	放置位置
83.DO[115:ON]=OFF;	吸盘放置
84.WAIT1.00(sec);	等待 1 s
85.L P[28] 50mm/sec FINE;	抬起安全位置
86.L P[29] 100mm/sec FINE;	机器人移至抓取黑色棋子上方
87.L P[30] 50mm/sec FINE;	机器人移至抓取黑色棋子位置
88.DO[115:OFF]=ON;	吸盘吸取
89.WAIT1.00(sec);	等待 1 s
90.L P[29] 50mm/sec FINE;	机器人提起黑色棋子至安全位置
91.L P[31] 50mm/sec FINE;	放置安全位置
92.L P[32] 50mm/sec FINE;	放置位置
93.DO[115:ON]=OFF;	吸盘放置
94.WAIT1.00(sec);	等待 1 s
95.L P[31] 50mm/sec FINE;	抬起安全位置
96.L P[33] 100mm/sec FINE;	机器人移至抓取黑色棋子上方
97.L P[34] 50mm/sec FINE;	机器人移至抓取黑色棋子位置
98.DO[115:OFF]=ON;	吸盘吸取
99.WAIT 1.00(sec)	等待 1 s
100.L P[35] 50mm/sec FINE;	机器人提起黑色棋子至安全位置
101.L P[36] 50mm/sec FINE;	放置安全位置
102.L P[37] 50mm/sec FINE;	放置位置
103.DO[115:ON]=OFF;	吸盘放置
104.WAIT1.00(sec);	等待 1 s
105.L P[36] 50mm/sec FINE;	抬起安全位置
106.L P[38] 100mm/sec FINE;	机器人移至抓取黑色棋子上方
107.L P[39] 50mm/sec FINE;	机器人移至抓取黑色棋子位置
108.DO[115:OFF]=ON;	吸盘吸取
109.WAIT1.00(sec);	等待 1 s
110.L P[38] 50mm/sec FINE;	机器人提起黑色棋子至安全位置
111.L P[40] 50mm/sec FINE;	放置安全位置
112.L P[41] 50mm/sec FINE;	放置位置
113.DO[115:ON]=OFF;	吸盘放置
114.WAIT1.00(sec);	等待 1 s
115.L P[40] 50mm/sec FINE;	抬起安全位置
116.L P[38] 100mm/sec FINE;	机器人移至抓取黑色棋子上方
117.L P[39] 50mm/sec FINE;	机器人移至抓取黑色棋子位置
118.DO[115:OFF]=ON;	吸盘吸取
119.WAIT1.00(sec);	等待 1 s
120.L P[38] 50mm/sec FINE;	机器人提起黑色棋子至安全位置
121.L P[40] 50mm/sec FINE;	放置安全位置
122.L P[41] 50mm/sec FINE;	放置位置

续表

123.DO[115:ON]=OFF;	吸盘放置
124.WAIT1.00(sec);	等待 1 s
125.L P[40] 50mm/sec FINE;	抬起安全位置
126.L P[42] 100mm/sec FINE;	机器人移至抓取黑色棋子上方
127.L P[43] 50mm/sec FINE;	机器人移至抓取黑色棋子位置
128.DO[115:OFF]=ON;	吸盘吸取
129.WAIT1.00(sec);	等待 1 s
130.L P[42] 50mm/sec FINE	机器人提起黑色棋子至安全位置
131.L P[44] 50mm/sec FINE;	放置安全位置
132.L P[45] 50mm/sec FINE;	放置位置
133.DO[115:ON]=OFF;	吸盘放置
134.WAIT1.00(sec);	等待 1 s
135.L P[44] 50mm/sec FINE;	抬起安全位置
136.L P[46] 100mm/sec FINE;	机器人移至抓取黑色棋子上方
137.L P[47] 50mm/sec FINE;	机器人移至抓取黑色棋子位置
138.DO[115:OFF]=ON;	吸盘吸取
139.WAIT1.00(sec);	等待 1 s
140.L P[46] 50mm/sec FINE;	机器人提起黑色棋子至安全位置
141.L P[48] 50mm/sec FINE;	放置安全位置
142.L P[49] 50mm/sec FINE;	放置位置
143.DO[115:ON]=OFF;	吸盘放置
144.WAIT1.00(sec);	等待 1 s
145.L P[48] 50mm/sec FINE;	抬起安全位置
146.L P[50] 100mm/sec FINE;	机器人移至抓取黑色棋子上方
147.L P[51] 50mm/sec FINE;	机器人移至抓取黑色棋子位置
148.DO[115:OFF]=ON;	吸盘吸取
149.WAIT1.00(sec);	等待 1 s
150.L P[50] 50mm/sec FINE;	机器人提起黑色棋子至安全位置
151.L P[52] 50mm/sec FINE;	放置安全位置
152.L P[53] 50mm/sec FINE;	放置位置
153.DO[115:ON]=OFF;	吸盘放置
154.WAIT1.00(sec);	等待 1 s
155.L P[52] 50mm/sec FINE;	抬起安全位置
PLACETOOL2 程序名称(放 2 号夹具)	
1:DO[180:OFF]=ON ;	导轨去 1 号位置
2:WAIT DI[180:OFF]=ON ;	等待导轨位置到达
3:DO[180:OFF]=OFF ;	复位导轨 1 号位置信号
4:J P[1] 20% FINE;	中间点位
5:L P[2] 100mm/sec FINE;	准备移至 2 号夹具位置
6:L P[3] 100mm/sec FINE;	进入 2 号夹具位置
7:L P[4] 100mm/sec FINE;	达到 2 号夹具位置
8:RO[1:OFF]=OFF ;	放置 2 号夹具
9:WAIT1.00(sec) ;	等待 1 s
10:L P[5] 100mm/sec FINE;	移至安全位置
11:END	

6. 任务评价

1）自我评价

由学生根据学习任务完成情况进行自我评价，并将评分值记录于表6-26中。

表6-26　自我评价表

学习任务	学习内容	配分	评分标准	扣分	得分
任务二	1. 安全意识	10分	①不遵守相关安全规范操作，酌情扣2~5分； ②有其他违反安全操作规范的行为，扣2分		
	2. 根据工作任务要求，使用示教器示教各关键点，完成机器程序的编制	50分	①没有利用多任务程序的编制，扣2分； ②没有完成图案摆放任务，每步扣1分		
	3. 观察记录	30分	没有完成多任务程序的记录，每步扣1分		
	4. 职业规范与环境保护	10分	①在工作过程中工具和器材摆放凌乱，扣3分； ②不爱护设备、工具，不节约材料，扣3分； ③完成工作后不清理现场，工作中产生的废弃物不按规定进行处理，各扣2分		
总评分=（1~4项总分）×40%					

2）小组评价

由同小组的同学结合自评情况进行互评，并将评分值记录于表6-27中。

表6-27　小组评价表

评价内容	配分	评分
1. 实训过程记录与自我评价情况	10分	
2. 工业机器人图案任务程序的编制	50分	
3. 相互帮助与协作能力	20分	
4. 安全、质量意识与责任心	20分	
总评分=（1~4项总分）×30%		

3）教师评价

由指导教师结合自评与互评结果进行综合评价，并将意见与评分值记录于表6-28中。

表6-28　教师评价表

教师总体评价意见：	
教师评分（30分）	
总评分=自我评分+小组评分+教师评分	

思考与练习

(1)在使用吸盘进行抓取和放置编程时应该注意什么?

(2)吸盘夹具的使用是否需要真空吸盘?

(3)真空吸盘的作用是什么?

附录　发那科工业机器人应用指令一览表

动作指令

工作类型	J	使机器人每个关节执行插补动作
	L	按直线移动机器人的 TCP
	C	按圆弧轨迹移动机器人的 TCP
位置变量	P [i: 注释]	存储位置数据的标准变量
	PR[i: 注释]	存储位置数据的寄存器变量
速度单位	%	指定相对于机器人最高关节速度的百分比
	mm/s, cm/min, in/min, deg/s	指定基于直线或圆弧的 TCP 的动作速度
	s, ms	指定动作所需时间
定位类型	FINE	机器人在指定位置暂停 (定位),执行下一个动作
	CNTn(n=0~100)	机器人将所指定的位置与下一个位置平顺地连接起来,动作的平顺程度取决于 *n* 值,越大越平顺

动作附加指令

机械手腕轴关节动作	Wjnt	直线或圆弧动作时,机械手腕轴在关节动作下运动而不保持姿势
加减速倍率	ACC a(a=0~50%)	设定移动时的加减速倍率
跳过	Skip, LBL[ ]	跳过条件语句中所示的条件尚未满足时,向指定的标签转移;条件得到满足时,取消当前动作而执行下一行语句
位置补偿	Offset	向位置变量再加上位置补偿条件语句中指定值的位置移动
	Offset, PR[GPk:)]n	向位置变量再加上位置寄存器值的位置移动
工具补偿	Tool_ offset	向位置变量再加上工具补偿条件语句中指定值的位置移动
	Tool_offset, PR[(GPk:)]n	向位置变量再加上位置寄存器值的位置移动
增量	INC	向当前位置中加上位置变量值的位置移动
软浮动	SOFT FLOAT[i]	该指令使得软浮动功能有效
非同步附加轴速度	Ind. EV(i)%, i=1%~100%	使附加轴与机器人非同步地动作
同步附加轴速度	EV(i)%, i=1%~100%	使附加轴与机器人同步地动作
路径	PTH	在距离短的平顺动作连续时缩短周期时间
连续旋转	CTV i, i=-100%~100%	开始连续旋转动作
先执行指令	TIME BEFORE t CALL prog	在动作结束的指定时间前或指定时间后调用并执行子程序, t 为执行开始时间, prog 为子程序名
	TIME AFTER t CALL prog	

寄存器指令与 I/O 指令

寄存器	R[i], i=1~32	i:寄存器号
位置寄存器	PR[(GPk:)i] PR[(GPk:)i,j]	仅取出位置数据的某一要素
		k 为组编号, k=1~3
		i 为位置寄存器编号, i=1~10
		j 为位置寄存器要素编号, j=1~9
位置数据	P=[i: 注释]	i 为位置编号, i= 1~ 存储器的允许范围
	Lops	当前位置的笛卡儿坐标值
	Jops	当前位置的关节坐标值
	UFRAM[i]	用户坐标系
	UTOOL[i]	工具坐标系
输入 / 输出信号	DI[i],DO[i]	(系统)数字信号
	RI[i],RO[i]	机器人(数字)信号
	GI[i],GO[i]	组信号
	AI[i],AO[i]	模拟信号

条件转移指令

条件比较	IF(条件)(转移)	设定比较条件与转移目标
条件选择	SELECT R[i]=(值)(转移)	设定选择条件的转移目标

待命指令

待命	WAIT < 条件 >	等待到条件成立或经过所指定的时间
	WAIT < 时间 >	

无条件转移指令

标签	LBL[i: 注释]	指定转移目的地
	JMP LBL[i]	转移到所指定的标签
程序调用	CALL(程序名)	转移到所指定的程序
程序结束	END	结束程序的执行,返回到被调用的程序

程序控制指令

暂停	PAUSE	使程序暂停
强制结束	ABORT	强制结束程序

其他指令

RSR	RSR[i]	定义 RSR 信号的有效 / 无效，i=1~4
用户报警	UALM[i]	将用户报警显示于报警行
计时器	TIMER[i]	设定定时器
倍率	OVERRIDE	设定倍率
注释	!（注释）	在程序中添加注释
信息	MESSAGE[信息]	将用户消息显示于用户画面
参数	$（系统变量）	更改系统变量值
最大速度	JOINT_MAX_SPEED[ ]	设定程序中动作语句的最高速度
	LINEAR_MAX_SPEED	

跳过与位置补偿指令

跳过指令	SKIP CONDITION（条件）	确定在动作语句中使用的跳过执行条件
位置补偿条件	OFFSET CONDITION（位置补偿量）	确定在动作语句中使用的位置补偿执行条件
工具补偿条件	TOOL _OFFSET CONDITION（位置补偿量）	确定在动作语句中使用的工具补偿执行条件

坐标系设定指令

用户坐标系设定	UFRAME[i]	用户坐标系，i=1~9
用户坐标系选择	UFRAME_NUM	当前用户坐标系编号
工具坐标系设定	UTOOL[i]	工具坐标系，i=1~9
工具坐标系选择	UTOOL_NUM	当前工具坐标系编号

宏指令

宏指令	（宏指令）	执行在宏设定中所定义的程序

多轴控制指令

程序执行	RUN	开始执行其他运动组程序

位置寄存器先执行指令

位置寄存器锁定	LOCK PAGE	用来锁定位置寄存器
位置寄存器锁定解除	UNLOCK PAGE	接触位置寄存器的锁定

软浮动指令

软浮动开始	SOFT FLOAT[i]	该指令使得软浮动功能有效
软浮动结束	SOFT FLOAT END	该指令使得软浮动功能无效
跟踪	FOLLOW UP	软浮动有效时，执行将机器人当前位置视为示教位置的处理

状态监视指令

状态监视开始指令	MONITOR< 条件程序名 >	在条件程序中记述的条件下，开始监视
状态监视结束指令	MONITOR END< 条件程序名 >	在条件程序中记述的条件下，结束监视

动作组指令

非同步动作组	Independent GP	使各动作组非同步地动作
同步动作组	Simultaneous GP	按移动时间最长的动作组同步地使各动作组动作

码垛指令

码垛指令	PALLETIZING-B_i	计算码垛，i 为码垛编号
码垛结束指令	PALLETIZING-END_i	增减码垛寄存器的值，i=1~16
码垛动作指令	L PAL_i[A-j] 300mm/s FINE	执行码垛的位置，i 为码垛编号，i=1~8，j 为接近点的编号

参考文献

[1] 黄忠慧. 工业机器人现场编程(FANUC)[M]. 北京:高等教育出版社,2018.

[2] 佘明洪,佘永洪. 工业机器人操作与编程 [M]. 北京:机械工业出版社,2017.

[3] 张爱红. 工业机器人操作与编程技术 [M]. 北京:机械工业出版社,2017.